建筑速写表现技法

莫贤发 编著

东南大学出版社
·南京·

图书在版编目（CIP）数据

建筑速写表现技法 / 莫贤发编著 . —南京：东南大学
出版社，2019.6
ISBN 978-7-5641-8451-3

Ⅰ . ①建… Ⅱ . ①莫… Ⅲ . ①建筑艺术－速写技法
Ⅳ . ① TU204.111

中国版本图书馆CIP数据核字（2019）第123788号

建筑速写表现技法
Jianzhu Suxie Biaoxian Jifa

编　　著：莫贤发
责任编辑：贺玮玮
文字编辑：李成思
封面设计：颜庆婷
责任印制：周荣虎

出版发行：东南大学出版社
社　　址：南京市四牌楼 2 号　　邮编：210096
网　　址：http://www.seupress.com
出 版 人：江建中

印　　刷：南京玉河印刷厂
开　　本：787mm×1092mm　1/16　印　张：10.25　字　数：190千字
版 印 次：2019 年 6 月第 1 版　2019 年 6 月第 1 次印刷
书　　号：ISBN 978-7-5641-8451-3
定　　价：59.00 元

经　　销：全国各地新华书店
发行热线：025-83790519　83791830

前言

在建筑学、环境设计等专业教学体系中，建筑速写是十分重要的专业基础课程之一，是从事建筑设计和环境设计必须掌握的一门专业技能。速写训练不仅能提高学生的观察能力、概括能力、艺术审美能力和创造性思维能力，更能训练学生表达创作构思、推敲设计方案和绘制设计图纸的能力。当熟练掌握了建筑速写的表现技法后，建筑速写则会成为诉说情感、叙述创作灵感的一种表现语言。

本书是笔者基于多年的建筑速写教学实践经验编纂的，是一本建筑速写基础教程。全书内容精练，分步骤解析建筑速写，易于理解和掌握。

本书共有 6 章：

第 1 章从建筑速写的概念、作用和意义、如何学习建筑速写、建筑速写的表现形式以及工具与材料等 5 个方面进行了论述。

第 2 章从基础练习、透视原理、取景与构图、空间与层次、光影与明暗、质感与纹理等 6 个方面介绍了建筑速写的表现技法。

第 3 章从建筑单体、建筑局部及建筑组合等 3 个方面介绍建筑物画法。

第 4 章从树木、人物、车辆、山石、水体、天空等 6 个方面介绍建筑配景画法。

第 5 章介绍了建筑速写的表现步骤。

第 6 章为建筑速写案例，分骑楼建筑、传统民居建筑速写两部分。

本书共收集了 250 多幅建筑速写作品，大部分为笔者近年来的写生作品，主要包括传统民居建筑速写和北海骑楼建筑速写，以及部分学生习作和少量同行优秀作品。

在本书写作的过程中，学院领导、教师和学生们给予了大力支持与帮助，在此向他们表示衷心的感谢，尤其是刘小招和覃英娇两位同学，为本书作品的收集、整理投入了大量的时间和精力，对他们的付出致以由衷的感谢。钟训正、杨维、耿庆雷、阿瑟·L.格普蒂尔等老师的书籍也给予我很大的启迪，同时，也引用了他们的部分速写作品，特向他们表示诚挚的谢意。

由于笔者水平有限，书中难免有不妥及疏漏之处，敬请各位读者批评指正。

目 录

1 建筑速写概述

建筑速写作为一种表现造型的手段和语言，通过运用简单、便捷的绘画工具对建筑物及其周边环境进行快速描绘，表现物象外在的形体结构和内在的精神内涵。建筑速写表现形式多样，大致可分为以线条为主、以明暗调子为主、线面结合、意向草图四种表现形式。

1 建筑速写概述

1.1 建筑速写的概念

速写是指在较短时间内用简练的线条扼要地画出对象形体、动作和神态的一种绘画形式。速写作为一门独立的艺术语言，是记录生活的一种方式，是收集素材资料的一种手段，也是抒发感情的一种途径，通过速写表现情感，表现自我。著名评论家翟墨先生谈及速写：

（1）速写，是划开混沌宇宙的第一道闪电；

（2）速写，是倾吐画家感受的第一注喷泉；

（3）速写，是撷取天地场能的第一缕灵气；

（4）速写，是留存初恋印象的第一味甘甜。

我们仔细品味这段洋溢激情的文字，可感受到速写的魅力光芒四射。绘画创作，首先要画草图，速写能力是设计基础；做艺术设计，也要先画创意草图，速写可快速表达构想；做建筑设计、环境设计，设计师一般先手绘草图表述构思，再去做进一步的细化。

建筑速写则是运用简单、便捷的绘画工具（钢笔、针管笔、铅笔等），对建筑物及其周边环境进行快速的描绘，表现出对象外在的形体结构和内在的精神内涵，并将"形"与"神"两者有机融合统一到画面中去（图1-1）。建筑速写并非摄影一般纯客观地描摹对象，而是要在表现对象的同时加入自己的主观感受。在实际写生中对自然景物的概括与提炼，对素材的取舍与加工等就源于此。这种感受一半源于眼观，一半则得自心悟。建筑速写在表现客观事物的同时，同样要强调表现意境及情趣。这就需要对生活中的自然现象除了有敏锐的观察能力外，还应具有深刻的领悟性，要善于理解和发现其中的意境。

1.2 建筑速写的作用和意义

建筑速写作为一种表现造型的手段和语言，既是绘画者对所画建筑的观察与感受的表现，也是对绘画者塑造物象形体的训练，更是对绘画者组织建筑景象的构图能力的锻炼。在高等院校建筑学、环境设计专业教学体系中，建筑速写是十分重要的专业基础课程之一，学生通过对建筑与环境的快速表现，可以更好地了解设计构思、形态特征、材料构造等诸多内容。对于建筑学、环境设计专业学生来说，这是必须掌握的专业技能。

▲ 图 1-1 桂北民居

　　（1）首先，建筑速写是获得设计灵感、记录设计灵感的有效形式，可以培养绘画者敏锐的观察能力，使其善于捕捉生活中美好的瞬间。

　　（2）其次，建筑速写是收集设计素材最有效的方式，可以培养绘画者概括表达能力，使其在短时间内能够准确表现对象的特征。

　　（3）最后，从专业角度来说，建筑速写是表达创作构思、推敲设计方案和绘制设计方案的重要手段（图 1-2），是设计师必备的基本技能，建筑速写也便于设计师与甲方、业主等客户进行设计的交流与探讨。

▲ 图 1-2 卧室设计

1.3 如何学习建筑速写

任何以技巧性为主的练习，光凭理论的学习和探讨是不可能取得成功的。"书山有路勤为径"，不间断地练习和思考是建筑速写表现技能取得进步的唯一途径。而速写技能的掌握也不是一蹴而就的。九层之台，起于累土。初学者应注意不能急于求成。建筑速写技能水平的提高是一个循序渐进的过程，除了量的积累之外，还需要创新意识和把握灵感的悟性，做到在思考中表现，在表现中总结，才能逐渐做到得心应手，进而达到"事半功倍"的效果。

掌握正确科学的学习方法是提高建筑速写表现技能的关键。笔者通过多年的建筑速写课程教学实践经验，总结了一套适合初学者学习建筑速写的方法，归纳为以下几个方面：

1. 基础练习

基础练习内容包括线条练习（图 1-3）、色块练习、明暗练习和单体练习（图 1-4）。通过基础练习，掌握建筑速写表现的基本技法。

2. 描图训练

描图训练类似书法临帖，通过描图，进一步理解和掌握线条练习、色块练习、明暗练习和单体练习的技巧和方法，学习建筑速写的构图方式、空间层次、线条运用、明暗变化等（图 1-5、图 1-6）。

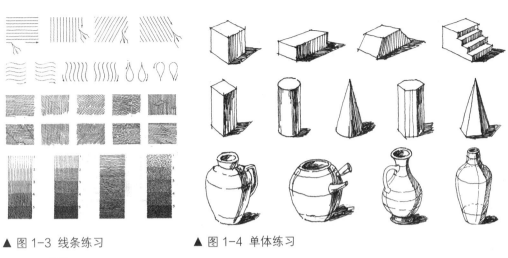

▲ 图 1-3 线条练习　　　　▲ 图 1-4 单体练习

▲ 图 1-5 描图练习（线描形式）　　　　▲ 图 1-6 描图练习（明暗形式）

3. 作品临摹

临摹练习主要是指直接临摹优秀的建筑速写范例，学习出色的画面处理技巧，包括取景与构图、空间与层次、光影与明暗、质感与纹理的处理技巧等。对优秀范例的临摹是建立在别人成功经验基础之上的练习，是提高自身建筑速写表现能力的一个重要途径。

由简到繁，由小到大，由易到难，有计划、有步骤地临摹。临摹对象可广一点，开始从单体练习入手，如叶丛、花草、树木、人物、车辆、家具等，逐步深入充实，直到较完整的建筑画。在临摹中一定要注意形象的准确性和用笔的灵活性。同时，从习作中找出自己的不足，针对性地找一些典范作品临摹学习，也可以选取国外优秀的建筑速写作品来临摹（图1-7、图1-8、图1-9）。

▲ 图 1-7 临摹练习 1   ▲ 图 1-8 临摹练习 2

图 1-9 临摹练习 3

4. 照片临绘

教学实践证明，对于初学者来说，一开始就进行实景写生是很困难的，根据照片作画对提高绘画技能很有帮助，照片给初学者提供了一个相对恒定的描绘对象和空间关系、光影效果，便于初学者观摩和学习（图1-10、图1-11）。

▲ 图 1-10　骑楼照片　　　　　　　　　　▲ 图 1-11　骑楼速写

5. 实景写生

实景写生是建筑速写训练中最重要的环节，是培养建筑速写能力的重要途径（图1-12、图1-13）。实景写生可以锻炼我们的空间透视能力、构图能力以及画面虚实的处理能力。空间透视是速写作品的骨架，要掌握准确合理的透视关系需要进行大量的写生训练。同时，在实景写生期间还应该重视构图技巧的练习以及多种的画面处理方法的练习。这些处理方法的掌握不是一蹴而就的，需要绘图者不断地在思考中练习，在练习中总结，才能取得长足的进步。

总之，要想画好建筑速写，就需要我们到大自然中不断体验、实践，并在实践中总结、掌握一套适合自己的绘画技法。只有长期坚持速写并从中不断体会感悟，才能在速写时描绘对象越来越顺手，画面也越来越美妙，速写兴趣就会越来越高涨，此时的你就会融情于景，从而描绘出形与神、情与理、物与我和谐精彩的优秀建筑速写作品。

▲ 图 1-12 山城印象之一

▲ 图 1-13 山城印象之二

1.4 建筑速写表现形式

建筑速写表现形式多样，大致可分为以线条为主的表现形式、以明暗调子为主的表现形式、线面结合表现形式、意向草图表现形式等四种表现形式。

（1）以线条为主的表现形式。线条是最简洁、最精练、最迅速、最明确的造型手段，是速写的主要表现语言。以线条为基本语汇，构成画面的形象，形成以线条为主的速写作品，即运用线条的疏密、粗细、深浅、虚实、顿挫等方法来表现建筑形体轮廓、结构形态和场景空间层次的画法（图 1-14）。具体来说是指运用线条描绘物体外形轮廓和内部结构；运用线条的相互穿插、遮挡表现物体之间的前后关系；运用线条的疏密对比表现物体之间的层次感，在画面中形成黑、白、灰等不同的层次对比关系。在作画过程中，重点提炼物体的外部形体轮廓和内部结构特征。

（2）以明暗调子为主的表现形式。这种表现形式注重光影对物体的影响。根据景物的光影，运用线条与色块结合，表现物体的明暗调子和体积感（图 1 - 15），以及场景的空间层次、纵深感，通过黑白灰的变化使画面产生较强的视觉冲击力，所以明暗调子表现形式尤其适合表达光线照射下的物象。同时明暗调子表现形式还具有明暗层次过渡柔和，色调变化丰富、生动直观的特点。

在实地写生时，由于受时间及环境条件的限制，往往把大部分精力倾注在对物象的结构和形态特征的刻画上，较难在现场对光影关系做深入的刻画，我们可以现场拍照作为参考或靠记忆默写大致轮廓，在室内案头对未完成作品进一步刻画，直至完成。

（3）线面结合表现形式。即用线条与明暗色调相结合来表达形体空间与光影的画法，用线条方式表现物象的外形轮廓和内在结构，在此基础上根据光影对建筑及其环境进行明暗色调处理，表现对象的形体结构、空间感（图 1-16）。用线面结合的方法，要应用得自然，防止线面分家，如先画轮廓，最后不加分析地硬加些明暗，很为生硬，可适当减弱物体由光而引起的明暗变化，适当强调物体本身的组织结构关系，突出重点。用线条画轮廓，用块面表现结构，注意概括块面明暗，抓住要点施加明暗，切忌不加分析选择地照抄明暗。注意物象本身的色调对比，有轻有重，有虚有实，切忌平均、没重点。

▲ 图 1-14 珠海东路街景

▲ 图 1-15 传统民居

▲ 图 1-16 大清邮政北海分局

　　（4）意向草图表现形式。在建筑写生时，由于受时间所限等原因，对所表现的建筑景致不能进行较为深入细致的刻画，只能在较短的时间内用简洁的线条以写意的形式对建筑物形态特征和空间氛围进行概括描绘，常常是灵感的顷刻迸发，尽管对画面的某些细节表现不够充分，但用笔随意、自然，常常有很强的随机性和意想不到的偶然效果（图 1-17）。意向草图表现形式对于今后在设计工作中的方案创意和表达将会大有裨益。

　　四种表现形式各有所长。以线条为主的表现形式相对单纯，既能概括简洁地表达物象与场景的空间层次关系，又能细致地表达物象的形体特征与细节；以明暗调子为主的表现形式运用明暗调子对比表现建筑与环境所呈现的光影变化，可使建筑环境结构、造型、体积、空间表现更加厚实凝重，光感效果丰富动人；线面结合的表现形式既有准确、肯定的线的表现特征，又有色调关系厚实生动的明暗技巧特性，是建筑速写最为常用的表现形式；意向草图表现形式可以提高画者在较短的时间内迅速捕捉对象，并对其进行概括和取舍的能力。对于初学者，以线条为主的表现形式是较容易掌握的表现形式，以此为基础学习其他三种表现形式，会获得事半功倍的效果。不管选

▲ 图 1-17 安格利小礼拜堂（著名建筑师马里奥·博塔手稿）

定哪种表现形式学习建筑速写，都要坚持练习，扎扎实实，一步一个脚印，画一批"未成熟"的习作，同时树立学习的自信心，经过一段时间的训练，就会取得明显的成效。

1.5 工具与材料

"工欲善其事，必先利其器"，任何表现形式的建筑速写，都与工具和材料有密切的关系。我们必须熟悉各种绘画工具的性能，不断亲手尝试。在绘画表现时，工具与材料的选择要做到得心应手、胸有成竹，画面效果才会"神采飞扬"。

选择适当的工具材料为媒介表现，可为作品增添艺术感染力。速写者可以按照自己对所画物体的感受，来选择某种材料作为媒介语言，工具材料不同，展现的绘画效果不同。

1. 笔

笔的种类很多，常用的有钢笔、美工笔、针管笔、水性笔、铅笔等（图 1-18）。可以根据表现对象的特点与要求来选择不同的笔。

（1）钢笔

钢笔是建筑速写最常用的绘画工具，市场上比较好的钢笔品牌有英雄、德国公爵、派克等。钢笔线条细微流畅，挺拔均匀，无浓淡之分，表现干脆利落，画面黑白分明，效果细腻深入。但钢笔作画不宜修改，因此在下笔前要果断准确，做到胸有成竹、一气呵成。

（2）美工笔

美工笔是借助笔头倾斜度绘制变化线条，可粗可细，丰富多变，极具厚重感。美工笔是一种特制钢笔，但又与钢笔有所区别。首先是倾斜角度，美工笔的倾斜角度不同能画出不同粗细的线条，需要较粗线条时，注意适当增加倾斜角度，如要画较细线条，可使笔尖稍立一些；其次是笔的运行角度，由于美工笔笔尖有弯曲角度，所以，运笔过程中要根据自己所需要的线条过渡方式和线条流畅性适当旋转笔尖。美工笔是建筑速写常用的绘画工具，市场上比较好的美工笔品牌有英雄、德国公爵、毕加索等。

（3）针管笔

针管笔是建筑速写常用的绘画工具之一，有 0.1、0.2、0.3、0.5、0.8 等不同型号。市场上比较好的针管笔品牌有英雄、日本樱花、德国施德楼等。针管笔笔尖较细，绘制出来的线条均匀圆润、细而有力、层次分明。绘制线条时，针管笔身应尽量保持与纸面垂直，以保证画出粗细均匀一致的线条。

（4）水性笔

水性笔是建筑速写常用的绘画工具之一，市场上比较好的水性笔品牌有得力、晨光、真彩等。水性笔与针管笔相似，绘制出来的线条比较灵活、均匀、圆润、有弹性，但缺少粗细的变化。

（5）铅笔

铅笔是建筑速写常用的绘画工具之一，有 HB、2B、3B、4B、5B、6B 等不同型号。市场上比较好的铅笔品牌有得力、中华、马可等。铅笔线条流畅活泼、变化丰富，可画线条，也可画明暗色块，利用笔锋的变化可以画出粗细深浅等线条变化和明暗调子。铅笔作画容易擦除修改，容易掌握，较适合初学者。

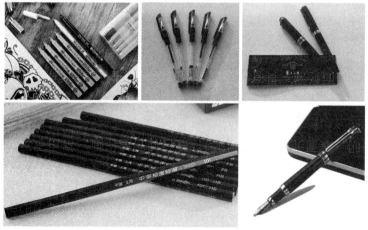

▲ 图 1-18 不同类型的笔

2. 纸张

纸的种类有很多，纸张的纹理、色彩对建筑速写的表现有重要的影响，巧妙地加以利用，可以使画面产生不同的效果，充满创造力。因此，可根据表现的需要选择不同的纸张。建筑速写常用的纸张有复印纸、硫酸纸、绘图纸、素描纸等（图 1-19）。

（1）复印纸

复印纸质地薄，表面光滑，价格比较便宜，适合在大量的练习时使用，常用的纸张尺寸有 A3、A4。

（2）硫酸纸

硫酸纸质地坚硬，半透明，表面光滑，上色均匀，适合针管笔作画，常用于草图的拷贝、修改等。

（3）绘图纸

绘图纸质地紧密而强韧，表面光滑，具有优良的耐磨性、耐折性，适宜钢笔作画，更适宜墨线绘图，着墨后线条光挺、流畅，墨色较黑。

（4）素描纸

素描纸质地较硬，表面纹理粗糙，容易上色，耐磨性好，易擦拭修改，适宜铅笔作画，但不宜用针管笔和钢笔作画，墨线很容易晕染。

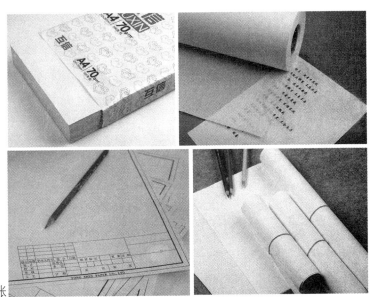

▲ 图 1-19 不同类型的纸张

2 建筑速写的表现技法

建筑速写的基础练习主要包括线条练习、色块练习、明暗练习、单体练习，通过基础练习掌握建筑速写表现基本技能。在建筑速写表现中，常见的透视图有一点透视、两点透视和三点透视。建筑速写的表现技法有取景与构图、空间与层次、光影与明暗、质感与纹理。取景确定所表现的对象及范围，构图使画面布局合理、中心突出、主次分明。通过画面黑白灰色调的处理表现场景的空间层次与光影明暗，深入刻画物体的质感纹理。

2 建筑速写的表现技法

2.1 基础练习

1. 线条练习

线条是建筑速写表现技法的基础。一张好的建筑速写作品，其线条既要有丰富的表现力，又要能准确地表达对象的结构和明暗关系，线条的灵活运用是根本。线条看似简单，实则千变万化。线条的变化包括线条的快慢、粗细、轻重、曲直等。要画出线条的美感与生命力，需要大量的练习（图2-1）。线条主要有直线和曲线两种。大多形体是直线构成的，如建筑、道路、家具等。直线练习力求直，并且干脆利落而富有力度。画直线条时不用太小心翼翼，也不必担心画不直，速写表现要求的"直"是感觉和视觉上的"直"，甚至曲中求直，最终达到视觉上的平衡。曲线多用于如树木、人物、车辆的表现。曲线练习应突出流畅与动态之美感。

线条的疏密、交叉、重叠、方向的变化等都会使画面产生不同的美感。线条的练习可以采用慢画法，力求严谨工整，也可以采用快画法，突出流畅动感（图2-2）。

线条练习时应注意以下事项：

（1）手腕以及手指关节要放松，线条才变化自然。

▲ 图2-1 线条练习1   ▲ 图2-2 线条练习2

（2）下笔肯定，不要犹豫和停顿，确保线条连贯和流畅。

（3）在画线的过程中，注意笔触变化，或快慢，或轻重，或曲直等。

（4）切忌来回重复画一根线，出现断线，应空开一小节距离再开始画。

2. 色块练习

色块由不同形式的线条组合而成，是建筑速写表现的基本技法。通过不同的直线和曲线组成一般色块，或采用各种不同方法勾画出特殊色块和装饰图案色块（图2-3）。色块也是表现物体纹理和肌理的常用方法，如树皮、木纹、瓷砖、布纹、墙体、水体、地面铺装等（图2-4）。色块练习过程中，也可以创作出一些适合自己表达内容的色块。

3. 明暗练习

通过线条的组合形成色块的明暗变化，是建筑速写表现的重要技法。明暗练习的目的是通过不同色阶的自然衔接表现明暗变化和层次渐变。线条的轻重、疏密、粗细、方向的组合搭配是明暗变化的关键。例如，可以增加线条的密度来表现暗部，也可以用交叉线来表现暗部，或通过不断加粗水平线来表现暗部，还可以通过色块层次的渐变来表现明暗等等（图2-5）。

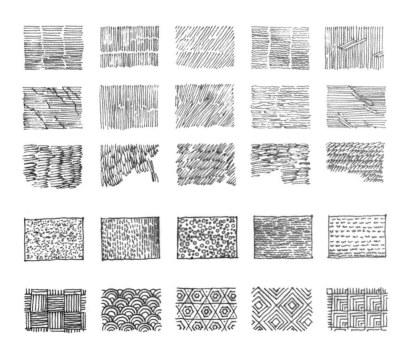

▲ 图2-3 色块练习1

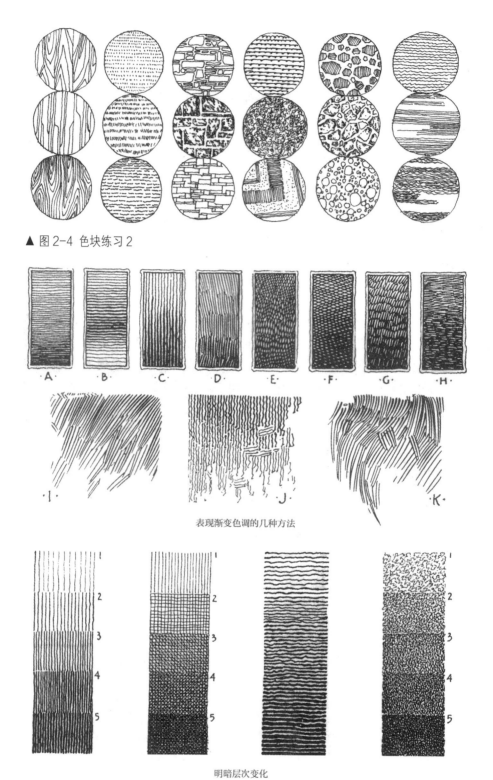

▲ 图2-4 色块练习2

表现渐变色调的几种方法

明暗层次变化

▲ 图2-5 明暗练习

建筑速写是一种对画面情感的表达，而不是照本宣科的描绘，不同线条的运用有一定的规律，只要努力练习，就能熟练掌握线条运用的规律，掌握一定的技巧性并结合自己的理解，建筑速写表现就会游刃有余。

4. 单体练习

经过线条、色块、明暗练习的积累，下一步进行单体练习。单体练习也是建筑速写的基础，单体练习以几何形体、盒子、家具、灯具、装饰品等生活用品为训练对象（图2-6~图2-8）。单体训练应解决三个问题：一是如何客观地用心观察物象；二是如何应用线条表现物象；三是怎样把握物象的特征。对物体形象特征的研究，应该从形状开始，研究它们的形状特点（包括在不同角度的变化），如方形、圆形、三角形等。由这些形状形成的立体图形会显示更丰富的形态特征，如：立方体由六个方向的正方形组成，从不同的角度观察，它的形状显示出丰富的变化；球体则在任何角度都应保持圆形的单一特征等等。

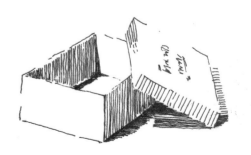

▲ 图2-6 方盒子练习

▲ 图2-7 单体练习1   ▲ 图2-8 单体练习2

2.2 透视原理

1. 透视的概念

在观察或描绘某个空间场景及其物象时，在视觉角度的变化下，其形状、轮廓、高低和大小都发生了相应的变化，便产生了近大远小、近高远低、近长远短、近实远虚等变化，我们把这种变化称为透视。透视对于建筑速写来说非常重要，它直接影响到整个空间的尺寸比例及纵深感。我们应该熟练掌握透视规律，熟记于心，应用自如。

2. 透视的基本特征

（1）近大远小，即离你越近的物体越大，反之越小。

（2）近高远低，即离你越近的物体越高，反之越低。

（3）近长远短，即离你越近的物体越长，反之越短。

（4）近实远虚，即离你越近的物体越清晰，反之越模糊。

（5）所有平行摆放的物体，透视线都相交于一点，称为灭点，也就是消失点。

3. 透视图的基本术语

为了便于说明以及易于理解透视原理和掌握透视投影的作图方法，下面先介绍有关的术语和符号（图2-9）：

（1）基面（G）：建筑形体所在的地平面。

（2）画面（P）：透视图所在的平面。

（3）基线（GL）：画面与基面的交线。

（4）视点（E）：人的眼睛。

（5）站点（e）：人的位置。

（6）视平线（HL）：过视点的水平面与画面的交线，即过主点Vc所作的水平线。

（7）主点（Vc）：视点在画面的正投影，即过视点作画面的垂线所得到的垂足（在平视透视中）。

（8）视距（D）：视点到画面的距离。

（9）视高（H）：视点到基面的距离。

（10）视线：视点与形体上任何点的连线。

（11）灭点（F）：直线上无穷远点的透视称为灭点，灭点在视平线上。

对以上基本术语需要清楚它们的含义，在建筑速写表现中逐步加深认识，灵活运用。

4.透视图的分类

从投影中心（人的眼睛）向物体引一系列投射线（视线），投射线与投影面的交点所组成的图即为形体的透视投影（图2-10）。这种图应用于表现建筑、景观、室内时，则通称为透视图。根据视点及建筑形体相对于画面位置的不同，建筑形体的透视形象也有所不同。按照画面、视点和建筑形体三者之间的空间相对位置关系来分，透视图大体上可分为一点透视、两点透视和三点透视三类。

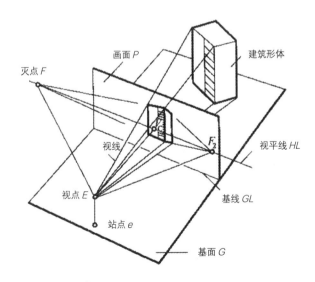

▲ 图2-9 透视术语

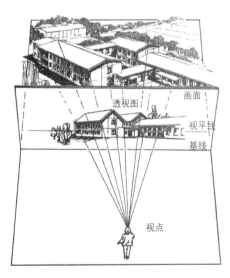

▲ 图2-10 透视图的形成

（1）一点透视

当画面垂直于基面，建筑形体有一主立面平行于画面，而其他面垂直于画面，视点位于画面的前方时，所形成的透视在视平线上只有一个灭点，称为一点透视（图2-11），也称平行透视。现实生活中我们经常会看到一点透视的情况，最为常见的就是城市街道，其一点透视效果极为明显。一点透视的特征有：水平线是平行于画面的原线，有近长远短的变化；垂直线画出来仍然垂直于画面，有近高远低的变化；所有向远处消失的线都集中在灭点上。

一点透视在建筑速写中运用较为广泛，主要原因是其视野较宽，纵深感强（图2-12），并且可以表现出更多的建筑立面，但不足是画面略显呆板，灵活性差，不够活跃，因此，比较适合表现庄严、稳重、宁静的建筑空间场景。

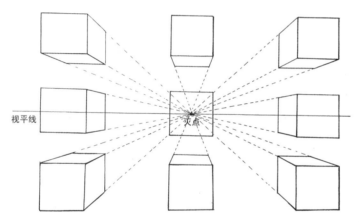

▲ 图 2-11 一点透视

▲ 图 2-12 一点透视的应用

（2）两点透视

建筑形体中没有一个面与画面平行，所形成的透视在视平线上有两个灭点，称为两点透视（图2-13），也称成角透视。两点透视的特征：建筑形体的任何一面都不与画面平行；所有向远处消失的线分别集中在两个灭点上；与地面垂直的线都平行于画面。

两点透视是建筑速写中最常用的一种透视形式（图2-14）。画两点透视相对比一点透视表现难度大，但画面效果比较活泼、自由，能够较直观地反映空间效果。缺点是如果角度选择不准，容易产生变形。要克服这一点就是将两点消失点设在画面较远处，以便得到较好的透视效果。

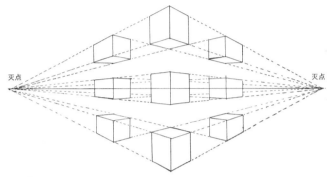

▲ 图2-13 两点透视

▲ 图2-14 两点透视的运用

（3）三点透视

建筑形体中三组透视线均与画面成角度，三组透视线消失于三个灭点所形成的透视称为三点透视，也称倾斜透视（图2-15）。三点透视的特征有：

①有三个灭点，其中两个消失在视平线上，根据视角的不同，还有一个天点或地点分别在视平线之上或之下。

②建筑形体的各面都不与画面底边或视平线平行。

③各面都产生一定的透视现象。

三点透视常用来表现高层建筑物，分仰视图和俯视图。当所选取视点的高度低于建筑形体时所形成的透视为仰视图，用于表现建筑物高大的气势（图 2-16）；当所选取视点的高度高于建筑形体时所形成的透视为俯视图，通称鸟瞰图（图 2-17），在城市规划或大场景的建筑设计中常采用鸟瞰图。

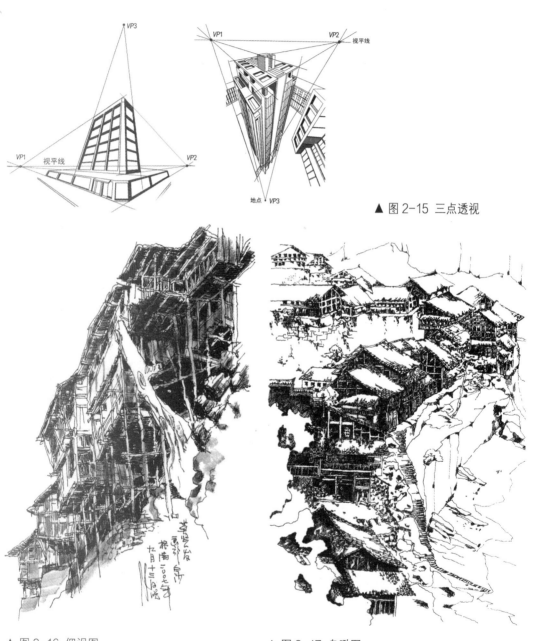

▲ 图 2-15 三点透视

▲ 图 2-16 仰视图   ▲ 图 2-17 鸟瞰图

（4）圆形透视

圆形透视也是建筑速写中常用的透视方式（图2-18），如建筑中的圆形拱门、圆形门窗以及建筑内部圆形的空间分割与装饰构件等。圆形透视的特征：

①圆形与画面越接近垂直，圆形透视形状越小；圆形与画面越接近平行，圆形透视形状越大。

②圆形离视平线越近，图形透视形状越扁，圆形离视平线越远，圆形透视图形状越圆。

③圆形如与视平线重合则其透视变为一条直线。

圆形透视的画法：通常是利用"以方求圆"的方法求出圆周上的八个点的透视，然后把它们光滑地连接成椭圆（图2-19）。

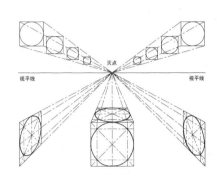

▲ 图2-18 圆形透视

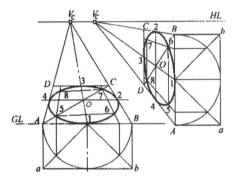

▲ 图2-19 圆形透视的画法

5. 透视在建筑速写中的应用

在掌握了透视原理后，我们可以用一点透视、两点透视或三点透视来表现建筑空间场景。用目测法感觉透视线和消失点，尽量做到准确到位。这种目测法会大大提高绘图的速度，而且能生动准确地表述所要表现的场景。表现空间场景要从大局入手，明确大致的消失点，定好视平线。再画透视轮廓，即根据物体的结构造型画几条轻一点的透视线。我们徒手表现要求的只是大致的准确，只要保证大体上的轮廓和比例关系符合透视原理，视觉上感觉舒服就行了，至于细部表现则要高度概括。

透视是空间造型艺术的科学依据，对于建筑速写来说非常重要，它直接影响到整个建筑场景空间的尺寸比例及纵深感、立体感。我们应该熟练掌握透视规律并灵活运用。

2.3 取景与构图

1. 取景

当我们置身于城市或乡村时，可能会被周围景致打动，有一种马上进入写生状态的冲动，但仅仅有冲动的想法远远不够，还要懂得如何取景。我要表现什么？该如何表现？也就是我们常说的"意在笔先"。

　　取景是根据自己的爱好、兴趣和感受确定所表现的对象及范围。取景一定要克服不注意观察、缺乏感受、坐下就画、见什么画什么的盲目性。取景角度的选择决定画面效果的成败。初学者可以用手指相互搭接，通过观察所取景物来构图（图2-20）。也可以制作一个取景框（图2-21），用它帮助观察和选景，可以明确地选出理想的角度，形成完整的构图。

　　取景是构图的基础，通过取景为构图做铺垫工作，但取景所获得的画面由于环境的限制也有其局限性，并非尽如人意，不可能原封不动地把景物搬在画纸上，因此，还要根据作画意图进行构图处理。

▲ 图2-20 取景方法1

▲ 图2-21 取景方法2

2. 构图

　　构图是指画面的组织形式，作画者对所表现的对象进行取舍与加工，并合理地布置在画面中，使画面布局合理、中心突出、主次分明，更好地实现作画者的表达意图。布局合理是指画面景物整体统一、主题突出、画面均衡、丰富稳定；中心突出是指能较好地体现主题思想的中心景物应放在画面的中心位置，对作画意图无关的物象要减弱或删减，使主题意境更为突出；主次分明是指主要景物（中心景物）的突出与强调除位置关系外，还需环境景物（次要景物）的衬托与呼应。

　　（1）构图的法则

　　构图是表现作品内容的重要因素，在中国传统绘画理论中被称为"章法"或"布局"，其含义就是把各组成部分合理配置并加以整理协调，符合视觉形式美感。建筑速写中构图的基本法则有均衡与稳定、取舍与组合、突出重点等。

　　① 均衡与稳定

　　均衡是指画面在视觉上给人一种平衡的感觉。画面中的稳定感取决于画面的构图。对称的均衡容易给人以安定稳重和庄严肃穆感，但一般偏于呆板。因此，在画面为对称的构图中，往往利用建筑配景中的人群、车辆、云彩、树木和光影的变化等来取得画面的生动活泼效果（图2-22）。如校园门卫室（图2-23），画面构图不均衡，左轻右重；在左边配以树木、汽车和树木在地上的阴影，画面达到较好的均衡效果（图2-24）。

▲ 图2-22 均衡画面

▲ 图2-23 左轻右重画面

▲ 图2-24 左侧添加元素

② 取舍与组合

取舍与组合是通过作画者的直观感受和审美判断，从立意和画面组织的需要出发，去芜存菁，对所见景物进行主观的裁剪取舍。以一个主要景物为画面的主要表现对象，再取舍陪衬物体，采取移景、借景、裁剪方法，突出重点，协调配景，将画面组合得较为完整。如为了突出骑楼建筑的造型，对画面的暗部进行裁剪，只保留外形轮廓，重点表现骑楼立面形态特征（图2-25）。

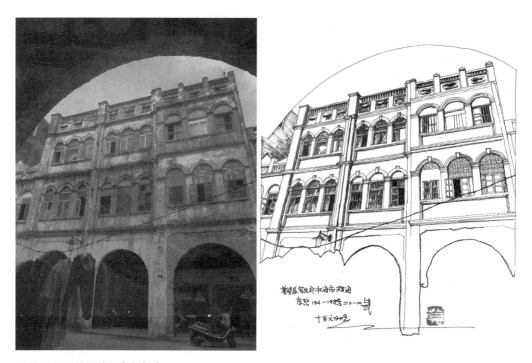

▲ 图2-25 画面的取舍与组合

③ 突出重点

突出重点，主次配合得当，则浑然一体，相得益彰，既易取得统一集中的效果，又易做到事半功倍。如果一幅题材丰富的画不分宾主，平铺直叙，则不但事倍功半，而且显得杂乱无章。画面有重点必然有非重点，有主体必然有次体。在建筑速写中始终以主题建筑物为主，天空、地面、山、水、树木、花草、人、车、邻近的建筑等都为辅。次体在空间位置、明暗关系上都应该只起从属和衬托主体的作用，切不可喧宾夺主。在建筑速写中，一般可以将重点部分置于画面的中心位置或聚焦点（图2-26），如画面的中心、入口道路的指引方向、成行的盆栽或灯柱透视灭线的灭点所在，即为重点；或通过增强重点部分的明暗效果来表现，如为了突出骑楼建筑在阳光照射下的光影效果及其白色的沿街墙面，以框景的形式构图，加重前面的拱券及骑楼柱廊、窗户的色调以增强明暗的对比（图2-27）；或细致刻画重点部分的质感纹理和光影变化，如对于骑楼街景色，以明暗表现手法深入刻画骑楼建筑的形体结构与光影效果，而前面的拱券及灯笼表现其形即可，通过前后强烈的对比来达到突出画面重点的目的（图2-28）。

▲ 图 2-26 主体部分居中突出重点

▲ 图 2-27 增强明暗效果突出重点

▲ 图 2-28 重点刻画主体部分突出重点

（2）构图的基本形式

① 水平式构图

水平式构图指建筑景物呈水平线排列，没有强烈的起伏。这种构图的特点是视觉上横向拉伸，有一种和谐明快、舒展开阔、畅达旷远的平远景象（图 2-29）。

②纵向式构图

纵向式构图指建筑景物呈纵向式，以竖向线形构成画面，视觉上纵向拉伸，给人一种沉着、稳定、挺拔的感觉（图 2-30）。

③框景构图

框景构图是一种非常有趣味的构图形式，即以近景建筑的某个中空部位（如门洞、漏窗、柱廊等）作为取景框，有意识地把观画者的视线引入其中，框中物体便成了画面的视觉趣味中心（图 2－31、图 2－32）。

建筑速写构图，实际上就是形式美法则在画面中的灵活运用，经典的构图形式是历代艺术家通过绘画实践总结出来的经验，适合人们共有的视觉审美经验，是审美实践的结晶，然而表现形式不是绝对的，它只能给我们参考，对我们的绘画表现形式产生积极作用。但更重要的是每个作画者要根据不同的实地感受，来确定画面的基本构图形式。

▲ 图2-29 水平式构图

▲ 图2-30 纵向式构图

▲ 图2-31 框景构图1

▲ 图 2-32 框景构图 2

2.4 空间与层次

　　画面要想吸引人，必须有空间深度。画面层次一般由近景、中景、远景组成，这基本三景的组成就使画面具有一定的空间与层次感（图 2-33）。

　　近景主要的作用是使建筑物后退一个空间深度，近景可以是树木花草、建筑物、人物、车辆等。近景主要作为画面的陪衬，因此近景可以是近似剪影的一片深色，也可以是留空白的外形轮廓，也可以根据光影的变化采用明暗对比的手法表现画面。中景往往是画面主题，在建筑速写中主要指主题建筑物，也是重点所在，它占据画面相当大而重要的位置，作画时应着重描绘其明暗对比、细部的材料纹理等，体积感强。远景也是画面的陪衬，远景易让人感到画面舒展、空间深远。远景不宜强调体积感和明暗关系，明处不亮，暗处不深。掌握近景、中景、远景的表达方法可以轻松表现画面的空间及层次。

▲ 图 2-33 风景建筑速写

2.5 光影与明暗

光给自然界带来勃勃生机，由于光的照射使物体产生明暗与阴影，使对象的体形及其所在的空间位置一目了然。利用光影的变化来表现建筑物的立体感和空间感，营造画面对比鲜明的气氛是建筑速写常用的手法。建筑景物在阳光照射下，会产生强烈的明暗光影变化，作画时可利用光影与明暗的变化表现建筑的外部特征，丰富界面，若处理恰当会使画面变得生动，更具立体感和节奏感（图 2-34）。

光影与明暗表现应注意以下三点：一是把主要精力用在刻画建筑主体上，加强主体物的明度对比，以突出画面的视觉趣味中心，次要部分宜做简略处理；二是不必苛求阴影的位置绝对准确，因为阴影只是为表现体感服务的，表现时只要明确大致方向、位置、形状即可；三是要明确阴影也属于暗面的一部分，但比暗部略深，虽深也要有层次，切不可是毫无变化的一团黑。

▲ 图2-34 骑楼建筑速写

2.6 质感与纹理

质感与纹理是指物体的表面属性，或粗糙，或光滑，或细腻等。如砖墙质感与纹理一般以水平缝表现为主，适当添加竖缝来增加一些变化，或通过明暗色块的变化来表现（图2-35、图2-36）。又如石材有细面石材、毛面石材和粗面石材等不同粗细质感和纹理（图2-37）。木纹材质的表现主要是突出木材的纹理，木纹一般是很细腻的，所以用笔一定要很轻快，线条要自然生动。在阳光照射下，亮部的木纹较为细淡，可用虚线表现，暗部的木纹较为重而密，可用较重的线条来表现（图2-38）。

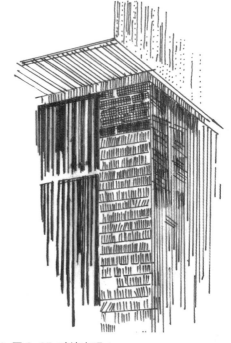

▲ 图2-35 砖墙表现1

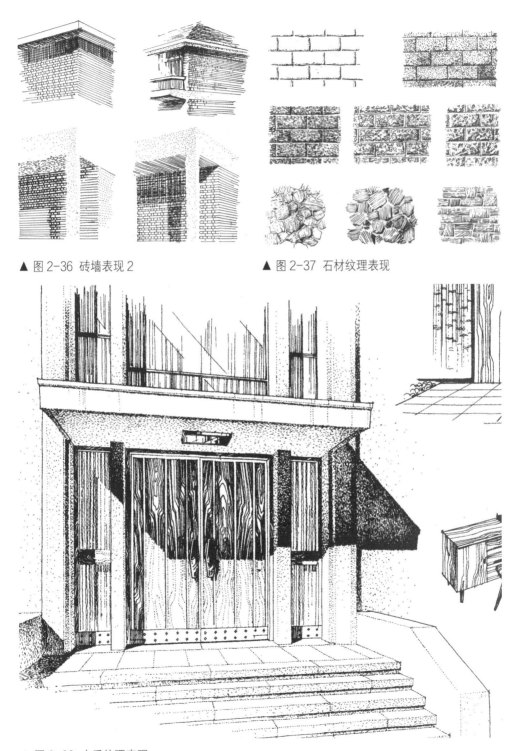

▲ 图 2-36 砖墙表现 2   ▲ 图 2-37 石材纹理表现

▲ 图 2-38 木质纹理表现

3 建筑物表现

本章节主要介绍建筑物的表现技法，建筑物与建筑配景共同组成画面场景，建筑物是画面场景的主体与中心，是建筑速写的表现重点。建筑物表现主要分为建筑单体表现、建筑局部表现、建筑组合表现。建筑单体表现需要选好角度，定好视点，确定透视；建筑局部表现是对建筑物的细节表现；建筑组合表现的关键是处理好建筑主次、前后、远近之间的层次关系。

3 建筑物表现

3.1 建筑单体表现

由于建筑物的造型比较规则，一般房顶、墙画、地面的材料质感明显，有明显的组织排列规律，结构严谨，线条横平竖直，在作画时要注意表现它的坚硬、挺拔和体量，以及结构构造、质感纹理等（图3-1）。因此，在表现建筑物时应要注意以下几点：

▲ 图3-1 荷兰施罗德住宅

1.选好角度，定好视点，注意透视

我们在面对某一建筑物写生时，必须选取能够突出该建筑物的立体感和结构美的角度。建筑物有较规则的形体，画准建筑物各部分的透视关系尤其重要。作画时最先画出建筑物的透视线，确定屋顶、墙面、基础等的消失点，这样容易检查纠正形体不准的地方。一般来说，用两点透视（30°～60°的视角更佳）能较好地表现建筑物的立体感，能使建筑物的轮廓线条富于变化（图3-2）；如果想表现建筑物的结构特征、构件细节，以及建筑物与周图环境的联系，可采用平视的画法（图3-3）；如果想表现该建筑的巍峨高大，可采用仰视的画法（图3-4）；如果想表现建筑物及建筑群体的大空间场景，则可采用俯视的画法（图3-5）。但无论采用什么角度，表现建筑物的关键是准确掌握建筑物的形体比例和透视关系。

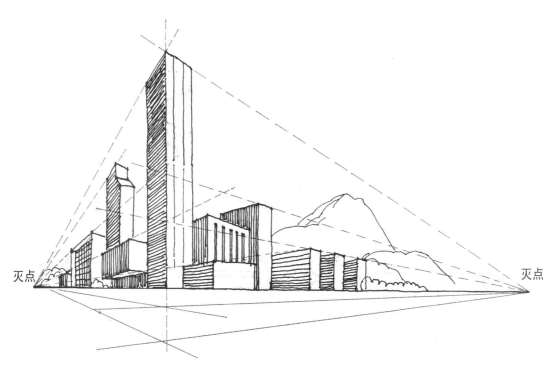

▲ 图3-2 两点透视图

▲ 图3-3 文教建筑

▲ 图3-4 现代建筑　　　　　　　　　▲ 图3-5 北海老城

2. 抓基本形，突出重点，主次分明

　　画建筑物时首先要抓住建筑物的基本形和结构，抓住屋顶、墙面、基座的比例关系和特点，还应适当加强对重点部分的刻画，如门廊、窗户、柱式、入口台阶等。可以利用构图的手段，或利用光影、虚实的对比来突出重点（图3-6、图3-7、图3-8）。对非重点部分可以概括表现，不必面面俱到、细致刻画，而应适当概括地表示出整体的感觉即可。

▲ 图 3-6 北海梅园 1

▲ 图 3-7 北海梅园 2

▲ 图 3-8 北海梅园 3

3. 确定建筑物的明暗基调

确定建筑物的明暗基调对画面黑白灰关系的处理至关重要。它是应该非常亮呢，还是中灰的，或相当暗呢？总体来说，表现亮色调为主的建筑物比暗色调为主的建筑物要容易得多，对于一栋以亮色调为主的建筑物，可以通过线条把基本轮廓和形体结构画出来（图3-9）。但对于一栋以暗色调为主的建筑物，不仅需要用线条表现基本轮廓和形体结构，还要在此基础上，根据光源的方向和明暗变化，来表现黑白灰的色调层次，这样才能突出建筑物的立体感（图3-10）。

▲ 图3-9 珠海西路 12—18号（双号）1

▲ 图3-10 珠海西路 12—18号（双号）2

又如图 3-11 所示，建筑物的明暗基调一目了然，在这组图里，图 1 是只有简单的轮廓的全白基调房子，图 3 为加入了强烈的黑白对比的建筑物。这两幅图代表了两个极端。大体上讲，图 1 需要多一点反差效果，而图 3 则需要弱一些反差效果。这就引出了图 2 和图 4。图 2 总体上是灰色和白色的基调，它有图 1 和图 3 所缺乏的丰富的层次完整性和纵深感。在多数情况下，这样的一幅画会令人满意。不过，最有趣的画面总是由黑色、白色和灰色三种色调构成的，黑白灰搭配使用效果更好，如图 4 所示。那如何确定建筑的明暗色调呢？主要通过两种途径：首先，借助所要表现的物体的本色；其次，通过阴影和投影的色调来获得。

▲ 图 3-11 建筑物的明暗基调

4. 要注意表现建筑物与环境的关系

生活中任何建筑物都离不开环境。我们以建筑物为主体来作画，不应忽视对其周边环境的描绘。比如，我们在表现传统民居时，房子周围往往会有许多成捆的木材，甚至还有石头堆砌的石板路、矮墙、台阶，周边还有与其搭配的房子等（图 3-12）。又比如，我们画一片现代化的城市建筑，它们周围的环境有修整过的树木花坛、干净整洁的人行道、走动的人群、形式各样的广告牌、美观的休闲座椅、现代化造型的路灯等（图 3-13）。只有把建筑物与环境一起描绘，并把它们看成一个有机的整体，处理主次、虚实和空间层次关系，使其相辅相成、相得益彰，才能增强画面的艺术感染力。

　　在一般情况下，近景建筑物的深色部分要比远景建筑物的深色部分更深一些，近景的明亮部分要比远景的明亮部分更明亮些。表现建筑物在用线方面可做如下选择：近景宜运用变化多样的排线来描绘，中景线条变化要简单一些，远景要再简单些，甚至用统一的平行排线，画一些淡灰色的调子也是可以的。

▲ 图3-12 民居建筑

▲ 图3-13 城市建筑

3.2 建筑局部表现

建筑局部表现是对建筑物的细节表现。通过屋顶、门窗与孔洞、墙面、台基、阳台等局部表现进一步认识建筑的透视关系、结构特点、材料质地等。

1. 屋顶的画法

表现建筑屋顶时应先根据画面预期的明暗格局确定屋顶的色调，再考虑屋顶所处的景段（是近景、中景，还是远景），然后才确定瓦片的具体处理手法。

处于近景的屋顶，其瓦片通常可绘以较详细的瓦线，画时可先以宽锋线依瓦槽的方向断续铺出底色，而后由檐口开始依照透视的状况自下而上地用短小弧线勾勒瓦片，要避免笔触过于均匀整齐，用笔要虚而松，时而以色调概括之，时而留出空白，以避免单调呆板，并使之极好地表现出光感。画较远的瓦顶时，由于距离的作用，瓦片的细节虽能看清，但其密度增加了，因而，刻画时应采用较为细小的笔法，并适时地用宽锋色调加以虚饰概括，以便生动表现特定的距离感。处于远景的屋顶一般看不出瓦片细节，但是瓦槽线条还可依稀看到，总体而观，已变为一片平灰的色调，此时，应以瓦槽的方向运笔，宽锋线可时疏时密地构成灰色瓦顶，既体现瓦顶的肌理，又加强了视觉效果。极远的屋顶会连同房屋一起呈剪影状，故表现时应排除所有细节，以均匀的浅灰色画出，如此，可很好地表现出深远的空间效果（图3-14）。

▲ 图3-14 屋顶表现

2. 门窗与孔洞的表现方法

门窗是最基本的建筑要素，建筑几乎都要考虑门窗的设置，但门窗打开后的门洞、窗洞看上去总是漆黑一片，如何在建筑速写中解决孔洞的描绘是门窗速写的关键。对漆黑门洞的表现不能以漆黑的色块去填充，而常常需要某些独创性的处理，否则，画出的门洞势必会因其平板的黑色而失去空间感。另外，将门洞涂得漆黑也缺乏表现上的活力，而且，大面积平板的黑色块，还会给画面带来破坏作用。

因此，在描绘较大的门洞时，我们需要以笔触的变化去破开这块黑色，处理时可用干脆利落的笔法进行方向不同、力量不同的排线表现，这样就使得门洞的色调具有了明暗关系，而方向和力量上的微妙变化，也丰富了黑色块的绘画性和趣味性。笔触的线条之间可随机留出些空白，以此来创造门洞内部的光线，使之产生诱人的通透感，同时也创造出富于情趣的视觉效果（图3-15）。

 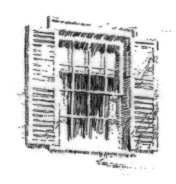 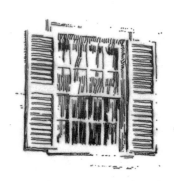

▲ 图3-15 窗户表现

作为初学者，在画较多的门窗或孔洞时，可将其作为画面中的重色块首先画出，以便为整幅作品的色调值建立基准。门窗一般用深色，以表现门窗的透视、厚度与质感，重点对阴影进行刻画（图3-16）。画好门窗犹如画龙点睛，能增加建筑物的美感。

对于玻璃窗，应画出玻璃的反光及透过玻璃看到的物体的深浅变化。因为玻璃在不同的角度和不同的光照下会呈现出黑白灰的变化，利用这种现象，在画玻璃窗时，我们可以对色调比较单一的玻璃窗做出主观的处理（图3-17）。为了使玻璃看上去透明而生动，可用不同的笔法或空白加强其变化，对这些细节的处理可以从形式上培养一个人的敏感性和独创的能力。

▲ 图 3-16 珠海东路 179、181、183、185 号拱券窗

▲ 图 3-17 珠海东路 194、196、198 号拱券窗

3. 墙面的表现方法

墙面是体现建筑风格的重要元素。墙面有水泥墙、砖墙、石墙、涂料墙等不同材质，不同材质的墙面特点也不同，表面有的光滑、有的粗糙，质地有的坚硬、有的松软等。如石墙形状大小不一、色调深浅不同，表面凹凸不平，接缝错落，富于变化，有坚固感，用线时要有变化。抹灰墙的特点是墙面颜色较淡，表面有平毛之别、粗细之分。砖墙虽然比较简单，但也要注意各个砖块之间的衔接。表现墙面时要灵活运用不同的手法表现不同材质的墙面，以使建筑特征更为真实，同时要注意整体透视关系及屋檐在墙面上的投影（图3-18）。

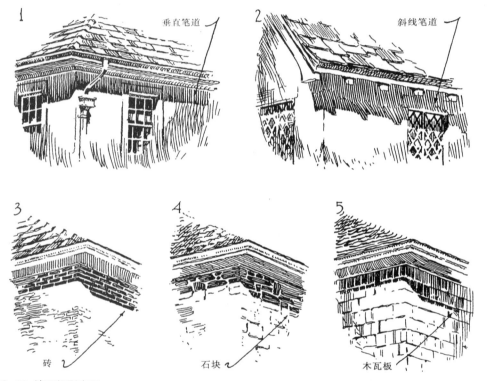

▲ 图3-18 墙面投影表现

砖墙是建筑墙面最常见的一种，砖块的体形较小，形状相同，砌筑样式整齐划一。在表现砖墙时，可以根据光照的方向及其光影效果用粗实线表现其暗部，也可以通过不同方向的排线表现墙面的明暗层次变化与质感（图3-19）。

在画大面积的砖墙时，可以采用概括性和象征性的表现手法，画其一部分，其余部分留白。当然，也可以根据场景的需要画满墙面，将每一块砖如实地按其砌筑方式整齐罗列出来，使其与周围景物产生疏密对比和明暗层次变化。如表现刘永福旧居时，用整齐划一的手法表现砖墙有规律的砌筑方式，通过黑白灰明暗关系的处理，表现建筑的前后空间层次感（图3-20）。

▲ 图 3-19 砖墙表现 1

▲ 图 3-20 砖墙表现 2

军史博雨于刘永福旧居 2019.6.3

4. 木质结构的表现方法

木质结构的民居建筑分布比较广泛，在广西桂北、湖南湘西、重庆酉阳等地，我们还可看到它们的身影。它们在形式上不尽相同，有着不同的地域风格，但其构筑的方式却是大同小异，不外乎横板竖板在梁柱等构架间的拼合连接（图 3-21 ）。

无论是从材质还是从构筑的形式上看，对于木构结构的民居建筑，在描绘木板的组构时，线条有着丰富的表现力。在画木板时，首先要考虑横向和竖向木板哪个占有绝对优势，若从整体到部分均以竖板拼合为主，可以确定在描绘时采用竖向线条的排列，落笔时要果断有力，笔触要均匀平滑、边缘清晰。笔触在作画过程中时而重叠，时而分开，分开时在两笔之间会留下一些细窄的白线，形成木板上的亮光，此时，可用尖锋线在一些灰线条的边上提出深色细线条，木板间的材质效果就有了。至于哪些木板留白，哪些木板加重，需要根据画面明暗变化构图的需要进行主观处理（图 3-22~图 3-29）。

▲ 图 3-21 湘西民居

▲ 图 3-22 桂北民居 1

▲ 图 3-23 桂北民居 2

▲ 图 3-24 桂北民居 3

▲ 图 3-25 桂北民居 4

▲ 图 3-26 桂北民居 5

▲ 图 3-27 桂北民居 6

▲ 图 3-28 桂北民居 7

▲ 图 3-29 桂北民居 8

3.3 建筑组合表现

建筑组合表现的关键是处理好建筑前后、远近之间的层次关系。远近两建筑在画面上相叠时，可在远处的建筑与近处建筑相邻处使用退晕的手法，正如中国山水画在远近之间采取"虚"的手法一样。如图 3-30 所示的建筑物在与右侧的近处建筑物相邻处渐虚，其间插以色调不同的树木，既衬托了近处的建筑物，又拉开了远近两建筑物之间的距离。对于如图 3-31 所示的前中后三栋建筑，可通过建筑物之间的形体特征以及明暗色调对比的处理，表现场景较强的空间层次感。

▲ 图 3-30 建筑前后关系的表现 1

▲ 图 3-31 建筑前后关系的表现 2

4 建筑配景表现

本章主要介绍建筑配景的表现技法。建筑配景包括树木、草地、花卉、山水、道路、铺地、车辆、人物等。建筑配景的作用在于丰富画面效果，渲染场景气氛，衬托建筑物，并将注意力集中于画面趣味中心。

4 建筑配景表现

在建筑速写中，为了完整、真实地表现建筑及其环境，表现图上要画一些山水、树木、草地、花卉、道路、铺地、车辆、人物等，这些就是配景。配景对渲染气氛、丰富画面、突出建筑物是不可或缺的。配景可以给画面增加适当的活力，并将注意力集中于画面趣味中心。

4.1 树木画法

树木的表现是建筑速写必须掌握的重要环节。对树木生长规律及各种树木特征的认识与研究，是表现树木的前提。树木的特征取决于树干的结构、形态和树冠的外部轮廓，不同种类树的形态特征差异极大，因此要深入观察和认识树木繁杂交错的树枝与疏密有致、富于变化的树叶，必须给予高度概括，发掘所描绘对象的最本质的基本形态的造型要素。

1. 树木的基本形体

树木的生长是由树干向外伸展形成树枝，树枝围绕树干生长，呈现出前后、左右之分，树枝上面生成树叶。因此，树木的形体一般由树干、树枝、树叶组成。一般的树木像一把撑开的伞，它外形轮廓的基本形体按最概括的形式来分有球体、半球体、圆锥体、圆柱体、椭圆体等（图 4-1）。

▲ 图 4-1 树木的基本形体

（1）树干形态

树干均为圆柱体，建筑速写中主要表现树干明暗调子变化，突出其立体感。刻画其根部、树瘤、结节等关键部位，突出其特征，避免雷同。重点刻画树干纹理，表现其质感，如粗糙树皮（用粗涩线条表现）、光滑树皮（用纤细线条表现）等（图4-2）。树干的明暗处理方式有树干全暗、树干全亮、前亮后暗，以及阴影处暗、受光部亮（表4-1）。

▲ 图4-2 树干形态

表4-1 树干的明暗处理方式

表现方式	表现效果	表现方式	表现效果
树干全暗		前亮后暗	
树干全亮		阴影处暗 受光处亮	

（2）树枝形态

树枝形态多样，常见的树枝类型有四种（表 4-2），第一种是树枝沿垂直的主干向上开杈；第二种是树枝沿垂直的主干向下开杈，如柳树；第三种是树枝从主干上部不断分杈，枝越分越密，形成茂密的树冠；第四种是树枝从主干底部开始分杈。

表 4-2 树枝类型

表现方式	表现效果	表现方式	表现效果
向上开杈		上部分杈	
向下开杈		底部分杈	

根据树木的生长规律，树枝的分杈越分越细，作画时应注意树枝倾斜度不同的透视变化，同时注意树枝与树干之间的关系及树枝四周空间伸展的特点。树枝与树干相互穿插，出现左右出杈、前后出杈的形态（图 4-3）。

▲ 图 4-3 树枝形态

（3）树叶的表现

画树叶要从树冠总体出发，着重表现树冠形态特征，画时要把树冠的叶子分成几簇来画，表现每簇叶子的受光部分和暗部的对比关系，从暗面画起，画出每簇叶子的体积感。一般表现树叶的形状或外部轮廓（图4-4）。

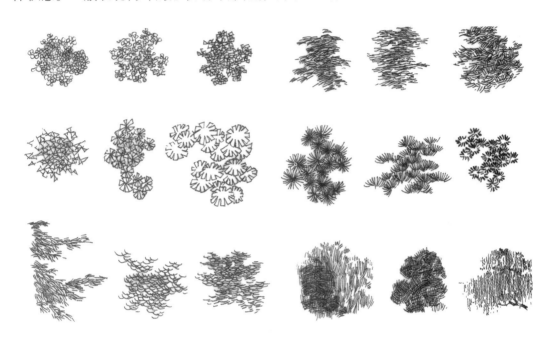

▲ 图4-4 树叶形状

（4）树木的明暗分析

以球体形的树木为例，树木是由树干、树枝和树叶所形成的单个或多个球形体的组合，在光线的照射下，产生明暗调子的变化（图4-5）。如外层的树干、树枝、树叶属于受光的一面，较亮；里层的树干、树枝、树叶属于不受光的部分，最暗；而背光的树干、树枝、树叶则较暗（图4-6）。

▲ 图4-5 树木的明暗关系1

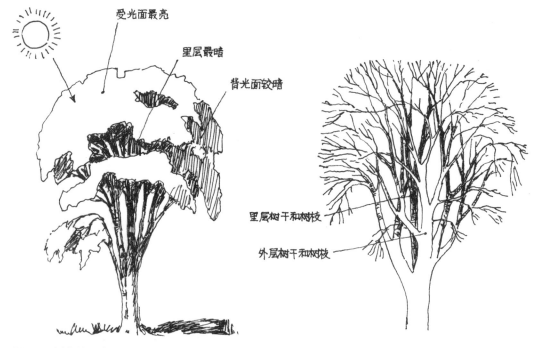

受光面最亮

里层最暗

背光面较暗

里层树干和树枝

外层树干和树枝

▲ 图4-6 树木的明暗关系2

　　自然界中的树木明暗变化丰富，但在建筑场景速写中，树木只作为配景，明暗不宜变化过多，不然喧宾夺主。近树亮，远树暗；或近树暗，远树用线浅淡；中间的树木用成丛的笔触表现。近树明处亮、暗处深，对比强烈；远树灰而平淡。前树的笔触重，后树的笔触轻。远树的树叶在接近前树的树叶丛处笔触渐"虚"。近树的笔触要有叶的形象，渐远笔触渐细；远树不宜强调叶的笔触，有一个面或者大的体量就够了，笔触要有成丛成片的感觉（图4-7）。

▲ 图 4-7 树木表现

2. 树木在建筑场景中的空间层次表现

在建筑速写中，树木可以作为远景、中景或近景来烘托主体建筑或丰富场景的空间层次。远景的树木可以衬托建筑物；中景或近景的树木，则可以丰富画面的空间和层次（图4-8）。在画面中，树木对建筑物的主要部分不应有遮挡。

▲ 图4-8 树木在建筑场景中的空间层次

作为近景的树木通常在建筑物的前面，树木表现要细致具体，如树干应画出树皮纹理，树叶亦能表现树种特色。为了不挡住建筑物，同时也由于透视的关系，一般只画树干和少量的树叶，使其起"框"的作用。也可以用高度简化的方法去表现，如树木全亮、树木全暗和根据光影的变化采用明暗对比的手法（图4-9）。

中景的树木一般和建筑物处于同一层面，可在建筑物的两侧或前面。当其在建筑物的前面时，应布置在既不挡重点部分又不影响建筑物完整性的部位。表现中景的树木要抓住树形轮廓，概括枝叶，表现出不同树种的特征。

远景的树木往往在建筑物的后面，起烘托建筑物和增加画面空间感的作用，树的深浅以能衬托建筑物为准。建筑物深则背景宜浅，反之建筑物浅则用深背景。远景树只需要做出轮廓，树丛色调可上深下浅、上实下虚，以表示深远空间感。

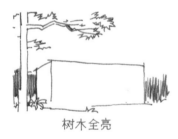

树木全亮　　　　　　　树木全暗　　　　　　　树木明暗变化

▲ 图4-9 近景树木的不同表现

3. 灌木花草表现

灌木花草在画面中所起的作用是很重要的。由于它们细小，在画面中属于"密"的部分。灌木花草相对矮小，没有明显的主干，以片植为主。灌木花草表现时应注意虚实变化，进行分块处理，抓大关系，切忌琐碎。灌木花草大都处在画面的前方，常常起到衬托建筑物和烘托画面气氛的作用。绘画时要注意不同灌木花草相互间的搭配及外形的错落有致，用笔要虚实相生、疏密相间（图4－10、图4－11）。

▲ 图4-10
灌木花草表现1

▲ 图4-11 灌木花草表现2

4.树木的表现步骤（图4-12）

（1）确定树木高宽比例，做到心中有数，画树的大体轮廓和树干，下笔要准确。

（2）大致画出树干、树枝、树叶的具体位置，确定明暗面。

（3）进一步画出枝干交错穿插及树冠的层次分组，修正树冠轮廓，分析树木光影变化。

（4）根据树木不同质感选择不同的表现形式，从局部入手，刻画细致，同时要顾全大局，调整树的比例关系，注意画面黑、白、灰关系。

（5）最后完善画面，调整局部与局部、局部与整体的关系，修改画得不理想的地方，使局部服从整体，擦掉铅笔线。

注意事项：下笔简洁有力，用笔肯定；心中有数，布局不乱；不要在一个地方反复涂抹；抓重点，分主次，概括分明。

▲ 图 4-12
树木的表现步骤

5. 常见树木的表现

自然界的树木种类很多，有槐树、棕榈树、芭蕉树、雪松、柳树等等，造型千变万化，形态多样。槐树树干高大挺拔，树主干较直，树枝扭曲顿挫、刚劲多姿，树皮质地粗糙。棕榈树树干笔直，呈圆柱形，上部略细，在发枝叶的部位较粗且生长棕毛，叶大如扇，叶子有条状感。芭蕉树叶子肥大，向上伸展然后下垂。雪松树形呈三角形，主干垂直，树枝由主干向四周伸展，有下垂状态，树叶细小如针。柳树枝条呈下垂状，叶子细长，等等。

但对于建筑速写表现来说，万变不离其宗，在表现时只需抓住树木的基本形体，树干、树枝、树叶的形态特征，根据光影明暗的变化，归纳其黑白灰三大层次，表现其立体感与空间感（图 4 - 13、图 4 - 14）。

▲ 图 4-13 常见树木的表现 1

▲ 图 4-14 常见树木的表现 2

4.2 人物画法

人物是建筑绘画中重要的配景之一，为建筑物比例和尺度的主要参照。生动的人物形象可以增强画面的生动感，体现建筑尺度感，同时营造画面的生活气息，烘托场景气氛。人物速写表现需熟练地掌握人体结构的比例尺度、基本构成，理解人物骨骼和肌肉的生长规律以及运动所产生的形体变化。

1. 人体的比例尺度

维特鲁威人（图 4-15）是达·芬奇创作的完美比例人体，以男子的足和手指各为端点，正好外接一个圆形。男子伸开的手臂的宽度等于他的身高，人体中自然的中心点是肚脐。男子两臂平伸站立，以他的头、足和手指各为端点，正好外接一个正方形。

人体比例尺度以头部长度为单位，可以归纳为"站七坐五盘三半"和"臂三腿四"（图 4-16）。"站七"指站立的人体比例为 7~7.5 个头长（普通成年人男性为 7.5 个头长，普通成年人女性为 7 个头长）；"坐五"指坐着的人体比例为 5 个头长；"盘三半"指蹲着的人体比例为 3 个半头长。手臂约为 3 个头长，其中上臂（肩峰至肘关节上部）1 个头长，下臂（肘关节上部至腕关节上一点）1 个头长，手（腕关节上一点至中指尖）为 1 个头长。下肢约为 4 个头长，其中大腿 2 个头长，小腿及足部 2 个头长。两肩长度为 2 个头长，足底长度约 1 个头长。

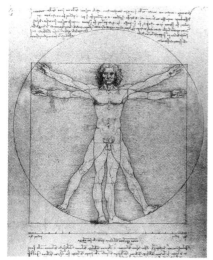

▲ 图 4-15 维特鲁威人

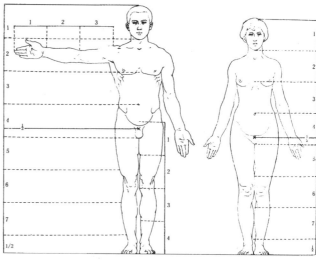

▲ 图 4-16 人体的基本尺度

2. 人体的基本构成

以人体的骨骼、肌肉为基础，用几何体块的方式，将人体以圆柱体、长方体和三角形体概括、组合，形成人的基本形体结构。运用透视手段，将人体特征塑造准确，形体结构所概括的各结构点是塑造人物空间结构的依据。 人体基本构成可归纳为"一竖、二横、三体、四肢"。一竖是指脊柱，连接头、胸、骨盆；二横是指肩峰、髋线；三体是指头、胸、骨盆的体积；四肢是指手和脚（图 4-17）。

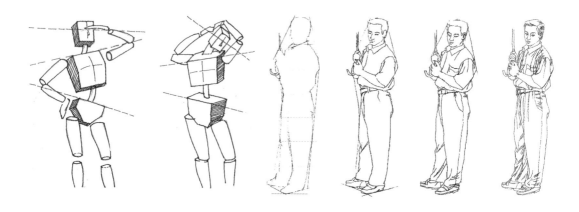

▲ 图 4-17 人体的基本构成   ▲ 图 4-18 人物速写步骤图

3. 人物速写步骤（图 4-18）

（1）定出人物的基本比例，画出大外形轮廓以及人物动态。

（2）画出人物各部分的基本形，找出大的衣纹转折关系，定出五官位置及手脚的基本形状。

（3）用肯定的线条，进一步画出人物头像、手部、脚部；刻画衣服的纹理、衣领、口袋等细节特征。

（4）调整画面，重点刻画五官、手、脚，结构转折处要着重强调。

4. 人物速写表现技法

在人物速写中，比例准确和动态生动是表现的关键。人物一般宜用走、坐、站等姿态展现，也可用骑车、奔跑等姿势。可单独表现，也可组合搭配。同时，画面空间的特定用途决定了人物的活动程度、人物的组合、服饰搭配及其他因素。不论是工作、休闲还是体育活动，每一人物都应为特定的目的和季节而适当着装。

1）近景人物表现（图4-19）

近景人物由于处于画面的前端，在绘制的时候应尽可能多地表现出人物的细节，如五官、头发、衣服褶皱等，从而使画面更加丰富生动。

（1）首先画出人物上半身的大体轮廓线，注意头与身体的比例。

（2）然后画出人物上半身的细节，如头发、五官、衣服褶皱等。

（3）接着画出人物下半身的结构形体，注意整个身体的比例以及动态。

（4）最后深入刻画人物的头、手、脚、衣着，注意头发以及衣服的细节处理，完善人物整体效果。

2）中景人物表现（图4-20）

在人物速写中，一般看不到中景人物的细节，但能看到人物的姿势、动态等。中景人物一般用来当作参照物，从而衡量其他物体的大小。

（1）首先画出人物的大体轮廓线，注意人物的不同姿势，不必刻画太多的细节，只需画出大体的动态即可。

（2）接着刻画人物的结构形体，注意人物近大远小的关系；注意不同姿态人物的比例。

（3）继续完善人物姿势细节、动态轮廓、衣服褶皱等。

（4）调整完善人物与场景的关系。

3）远景人物画法（图4-21）

对于远景人物，由于看不清其细节，只能看到大体的轮廓，因此，也可以将其看作一个整体来做简化和概括处理。首先画出人物的头部轮廓线，然后画出人物身体的轮廓线，继续完善人物动作。亦可绘制出人物的投影，或运用斜排线的方法来虚化人物。

▲ 图 4-19 近景人物表现

▲ 图 4-20 中景人物表现

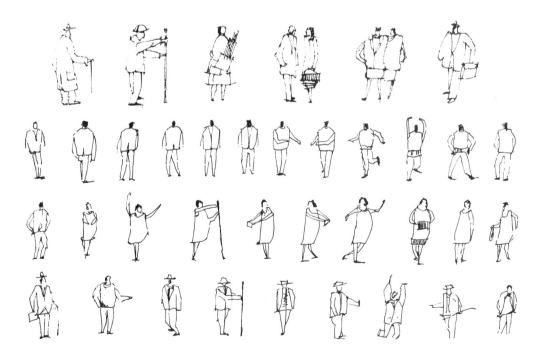

▲ 图 4-21 远景人物表现

5. 人物在建筑场景中的表现技法

根据不同的建筑场景增加不同身份、不同动态的人物配景, 这样才会使画面更协调。要合理安排人物在画面中的位置、动作等, 注意人物的聚散、前后、疏密等关系。近景的人物可适当描绘五官及衣褶等细节。中远景的人物表现动态比细节更重要, 可采取概括的处理手法表现其轮廓与动态。

在表现众多人物时, 应特别注意他们所处的视平线的位置, 把握好透视关系. 切不可画成不在同一地面上。人物的动态要有主次、疏密的变化, 并与画面的气氛相协调, 服饰要与季节和地域相符, 使人物配景真正起烘托环境气氛和画龙点睛的作用 (图 4-22、图 4-23)。

▲ 图 4-22 人物在建筑场景中的表现 1

▲ 图 4-23 人物在建筑场景中的表现 2

4.3 车辆画法

1. 车辆表现要求

车辆主要有汽车、摩托车、自行车、三轮车等，车辆在建筑速写中多用于表现生活气息，烘托环境气氛，准确的透视关系和严谨的结构比例是表现关键。车辆速写表现要考虑其与建筑物的比例关系，过大或过小都会影响建筑物的尺度；另外，在透视关系上也应与建筑物协调一致，否则，将会损害整个画面的统一。在描绘交通工具时要注意线条的流畅性及转折处的肯定和顿挫（图 4 - 24、图 4 - 25）。

▲ 图 4-24 车辆表现 1

▲ 图 4-25 车辆表现 2

2. 汽车表现步骤（图 4 - 26）

（1）画出汽车大概的轮廓线，用线要流畅，以体现出汽车流线型的特点。

（2）细化汽车结构，画出汽车的车轮造型和车身的一些细节变化。

（3）绘制汽车的反光镜、玻璃和汽车标志来体现汽车的造型特点。

（4）加强汽车的明暗关系，通过线与线的穿插，细化汽车的结构，使画面效果更加突出。

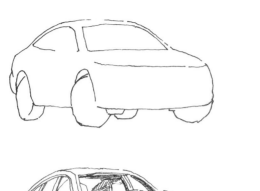

▲ 图 4-26 汽车表现步骤图

3. 车辆在建筑场景中的表现

在整个画幅中如何配置车辆尤为重要。一般而言，建筑物两侧都可以配置但要有所侧重。前景的车辆要有细节描绘，中远景的车辆整体概括即可（图 4-27、图 4-28）。总之，画面中的车辆要达到凸显主题、营造氛围、均衡布局的目的。建筑方案设计中往往借助交通工具辅助表现场景的空间关系。

▲ 图 4-27 车辆在建筑场景中的表现 1

▲ 图 4-28 车辆在建筑场景中的表现 2

4.4 山石表现

"远则取其势，近则取其质"是表现山脉的要点。山脉在建筑速写中以远景出现时，通常"取其势"，用简单概括的手法画出其大体轮廓即可；以近景出现时，则"取其质"，重点表现山脉的结构构成、山势起伏。要处理好山与天空和地面的关系，使之成为一个整体，以体现山脉的雄浑气质，画者还可以借此抒发情感（图 4-29、图 4-30 ）。

石的表现和山相似，要注意其形状、体积和质感。"石分三面"是表现石头的要点，"三面"有"多面"之意，也指至少要概括出三个面来，才能表现出石头的体量感。总体来说，表现石头时用线要硬朗一些，石头的亮面线条硬朗，用笔要快，表现线条的坚韧感；石头的暗面线条顿控感较强，用笔较慢，线条较重，有力透纸背之感（图 4-31、图 4-32 ）。

▲ 图 4-29 山脉在建筑速写中的表现 1

▲ 图 4-30 山脉在建筑速写中的表现 2

▲ 图 4-31 石头表现 1

▲ 图 4-32 石头表现 2

4.5 水体表现

　　水有动态和静态之分。动态的水有喷泉、瀑布等，可以用线条表达出水流的动势与方向感，用笔要清晰流畅，线条要灵活多变，但不宜过多过密（图4-33、图4-34）。而静态的水有湖面、河面等，能清晰地反映出周边环境的倒影。表现时要强调景物在水中的倒影，将倒影的形状勾勒出来，倒影相对实物要淡一些、虚一些，注意线条疏密变化，可采用波浪形的水纹画法，或黑白相间的倒影画法,以体现水体的质感(图4- 35、图4-36)。

▲ 图4-33 动态水的表现1

▲ 图4-34 动态水的表现2

▲ 图 4-35　静态水的表现 1

▲ 图 4-36　静态水的表现 2

4.6 天空表现

天空主要为了衬托主体，表现方法多样。可以用弯曲的线条来表现刮风天气的变化；可以用多变的线条来表现有雾天气的变化；也可以大面积留白；也可以把云表现出来，通过云的体积、形状、动态与透视关系增强天空的广度和深度。比如较近的云画在画面的上部，略大，但不要画在中间；中景与远景云块要呼应；较远天边的云一般画成横条状，云块之间似连非连（图 4-37、图 4-38、图 4-39）。

▲ 图 4-37 天空表现 1

▲ 图 4-38 天空表现 2

▲ 图 4-39 天空表现 3

5 建筑速写表现步骤

建筑速写在作画前，要做到"意在笔先"，需要观察所画物象的整体，在下笔前，用"心"在空白的画面上营造好形象、布局、构图等因素，下笔需"稳""准"。"稳"是指下笔时果断沉着、不忙不乱；"准"是指下笔一步到位，抓住物象的结构形体、空间透视、比例尺度等。在抓住大的感觉之后深入刻画，有取有舍、有主有次地组织画面。

5 建筑速写表现步骤

5.1 立意取景

建筑速写在作画前，要做到"意在笔先"。要表现什么？该如何表现？需要对所画景物做出有意境和趣味的内容选择。画同一个景，因着眼点不同，在作品中反映出的内容和情感也不同。因此，需要我们整体观察所画物象，从大处着眼，体会物象外部的形和内在神的变化，把对第一印象的感触熟记于心，然后从不同角度选择最佳视角，确定作画的位置。

当我们将物象的一切成竹于胸时，就可以下笔了。其实在下笔之前，我们已经用"心"在空白的画面上营造好了形象、布局、构图等因素，下笔要"稳""准"。"稳"是指下笔时果断沉着、不忙不乱。"准"是指下笔要一步到位，抓住物象的结构形体、空间透视、比例尺度。抓住大的感觉之后再进行深入的刻画，有取有舍、有主有次地组织画面。

5.2 整体—局部—整体画法

在建筑写生时，整体观察的方法是指从整体出发，把握所画物体的整体关系，把各个部分联系起来观察，形成一个有机的整体。在作画时，首先，要画出建筑的大体结构、形体、比例和透视关系；然后，再深入刻画局部；最后，再从整体调整面面的效果。

整体和局部的关系可以概括为"先务大体，鉴必穷源；乘一总万，举要治繁"。首先要掌握整体，也就是大的趋势和根本要点，抓住主要的东西，统领全局。对象的细节很多，十分繁复，但是表现对象绝不可一对一，而一定要通过要点表现繁复。建筑风景速写时尤其需要注意：对象往往非常复杂，表现时必须择其要点。什么是要点呢？怎样处理才能是"乘一总万，举要治繁"呢？这涉及一个对物象的认识角度问题，就是从什么角度、怎么看的问题。认识对象的要点，也就是造型的本质，对于观察和表现是非常重要的，然后把握对象的特征，才能做到"胸有成竹"和表现"游刃有余"。

在建筑速写中，整体—局部—整体画法比较容易掌握，这种画法比较适合初学者，但选景构图、整体深入、局部刻画及调整完善并非是一个程序化、公式化的步骤，它们常常是反复交叉的，因此需要我们在实景写生中灵活运用。下面以北海老城区骑楼建筑为例详细阐述建筑速写表现的具体步骤。

5.3 建筑速写的表现步骤

1.骑楼街道的表现步骤

1）中山路

中山路原为牛车路，形成于清末。1925 年开始拓建，1927 年建成骑楼街道，是北海老城当时最长的街道，后为纪念孙中山先生而命名为中山路（图 5-1）。现中山路东起广东路路口，西至四川路路口，全长 1775 米，宽 9 米。

▲ 图 5-1 中山路街景

步骤一：定基本形，确定画面的空间透视（一点透视），根据近大远小、近高远低的透视关系确定建筑的位置和外形轮廓，用绘画工具（铅笔、钢笔等）勾画出骑楼的基本形体，线条要肯定、准确（图 5-2）。

▲ 图 5-2 定基本形

　　步骤二：形体刻画，在外形轮廓准确的基础上，继续描绘街道两侧骑楼的内部结构特征，对主要建筑进行深入刻画与细节表现，为突出重点部分，应加强骑楼建筑的柱廊、窗户、屋顶等主要部位的表现，线条应疏密有致，长短结合运用（图 5-3）。

▲ 图 5-3 形体刻画

步骤三：明暗表现，根据光影的方向确定骑楼街道的明暗关系并上明暗调子，然后从街道的视觉中心或画面的近景开始表现画面的黑灰白关系，强调画面的明暗对比关系，整体把握画面的空间感与层次感（图5-4）。

▲ 图 5-4 明暗表现

步骤四：调整完善，进一步加强明暗表现，通过调整面面的层次关系与空间感，完善画面的黑白灰关系；注重线条的疏密、轻重和画面明暗的几何处理，增加形式美感，更好地突出主体，使作品更加完整协调（图5-5）。

▲ 图 5-5 统一调整

2）珠海路

　　珠海路东起海关路路口，西至四川路路口，全长 1448 米，宽 9 米。珠海路原为大街，由西靖街、大兴街、升平街、东安街、东华街、东泰街等多段街道组成，1927年为适应北海老城发展需要扩建成骑楼街道，扩建后的大街因北面濒临盛产南珠的古代珠海而被命名为珠海路（图 5-6）。对珠海路的速写表现步骤与中山路大致相同。

▲ 图 5-6 珠海路街景

步骤一：定基本形，确定画面的空间透视，根据近大远小、近高远低的透视关系确定建筑的位置和外形轮廓，用绘画工具勾画出骑楼的基本形，线条要肯定、准确（图5-7）。

▲ 图5-7 定基本形

步骤二：明暗表现，根据光影的方向确定骑楼街道的明暗关系并上明暗调子，然后从街道的视觉中心或画面的近景开始表现画面的黑灰白关系，线条应疏密有致，长短结合运用（图5-8）。

▲ 图5-8 明暗表现

步骤三：深入刻画，刻画骑楼建筑的柱廊、窗户、檐墙等主要部位，强调画面的明暗对比关系，要注意线条之间的疏密关系（图5-9）。

▲ 图5-9 深入刻画

步骤四：调整完善，调整画面的层次关系与空间感，完善画面的明暗关系；使各个局部之间更加协调，使作品更加完整（图5-10）。

▲ 图5-10 调整完善

2.骑楼建筑的表现步骤

骑楼建筑表现为横三段构成方式，下段指地坪线到商业牌匾底部，包括底层柱廊和商铺大门；中段指商业牌匾底部到女儿墙底部的楼身部分，包括楼身本体和楼身构件（如壁柱、商业牌匾或阳台栏杆、拱券窗、窗楣、窗间柱等），主要采用拱券式的窗群统领楼身；上段为女儿墙和屋顶；各段之间用线脚划分，并与壁柱柱头连成一体，以突出水平划分。

下面以珠海东路89、91号骑楼建筑为例讲述骑楼建筑的速写表现步骤。

珠海东路89、91号为两层双开间骑楼建筑。上段为女儿墙；中段为楼身，有三个相同的拱券窗，拱券窗下为商业牌匾；下段为拱券式底层柱廊和大门（图5-11）。

步骤一：定基本形，根据透视关系确定骑楼建筑各段的比例与尺度，用绘画工具勾画出骑楼立面构件（如两侧立柱、底层柱廊、商业牌匾、拱券窗、女儿墙等）和两侧建筑的外形轮廓，线条要肯定、准确（图5-12）。

▲图 5-11 珠海东路 89、91 号

▲ 图 5-12 基本定形

步骤二：形体刻画，在骑楼外形轮廓准确的基础上，用线面结合的表现方式继续描绘骑楼的内部结构特征，用线条组织画面的黑白灰关系，线条应疏密有致，长短结合运用（图5-13）。

步骤三：明暗表现，根据光影的方向确定骑楼建筑的明暗关系并上明暗调子，以增强骑楼建筑的立体感与空间感。对骑楼建筑立面构件进行深入刻画与细节表现，注意线条之间的疏密关系（图5-14）。

步骤四：调整完善，调整画面的空间感与层次关系，完善画面的明暗关系，使各个局部之间更加协调，突出主题建筑的立体感，使作品更加完整（图5-15）。

▲图5-13 形体刻画

▲图5-14 明暗表现

▲图5-15 调整完善

3. 底层柱廊的表现步骤

1）梁柱式底层柱廊

梁柱式底层柱廊由横梁和柱子、墙体组成（图 5-16），横梁与柱子的交接处，用形似中国传统装饰雀替构件连接，并做了简化处理，只保留变化的曲线轮廓，这样的处理使建筑造型生动自然，变化微妙，避免僵硬。

步骤一：定基本形，根据近大远小、近高远低的透视关系，勾画出每间建筑的宽度与高度及其大体轮廓，力求准确、简洁。仔细观察，明确骑楼各段及其立面构件的比例与尺度关系等，为下一步的刻画打基础（图 5-17）。

▲图 5-16　梁柱式底层柱廊　　　　▲图 5-17　定基本形

步骤二：形体刻画，进一步表现骑楼底层柱廊的形体结构，用线描的方式重点表现立柱横梁、墙面门窗、地面铺装及天花等部位的形体特征，线条要流畅、简练（图 5-18）。

步骤三：明暗表现，根据光影的方向确定柱廊的明暗关系并上明暗调子，然后从画面的视觉中心廊道开始表现，注意对画面黑灰白关系的把握，线条应疏密有致，长短结合运用（图 5-19）。

步骤四：调整完善，深入表现画面的明暗关系；加强对各部位黑白灰的处理，如

图 5-18 形体刻画

▲图 5-19 明暗表现

廊道远处与近处的黑白对比。突出柱廊的立体感，使作品更加完整协调（图 5-20）。

2）拱券式底层柱廊

拱券式底层柱廊由半圆拱和立柱、墙体组成，拱券式底层柱廊在梁柱式底层柱廊的基础上演变而来（5-21）。北海老城区现存骑楼建于上世纪二三十年代，由于年代已久，为了增加横梁的承重，借鉴了西洋外廊式建筑的立面形态，在骑楼底层立柱之间、横梁之下用红砖砌筑一个半圆拱券的结构形体以增强结构稳定性，从而形成了券柱式底层柱廊，在北海老城骑楼建筑的改造中被广泛使用。拱券式底层柱廊的速写表现分为定基本形、形体刻画、明暗表现和调整完善四个步骤（图 5-22～图 5-25）。

▲图 5-20 调整完善

▲图 5-21 拱券式底层柱廊

▲图 5-22 定基本形

▲图 5-23 形体刻画

▲图 5-24 明暗表现

▲图 5-25 调整完善

4.拱券窗的表现步骤

骑楼建筑临街立面窗户大多为拱券窗,拱券窗是骑楼建筑的一大特色,拱券外沿有雕饰线,其工艺精美,线条流畅,丰富了本来平整的墙面。曲线富于变化,颇具立体感,因而具有较强的艺术效果(图5-26)。

▲图5-26 珠海东路179、
181、183、185号

步骤一:定基本形,根据近大远小、近高远低的透视关系,勾画出每间建筑的宽度与高度以及拱券窗的轮廓,力求准确、简洁(图5-27)。

▲图5-27 定基本形

步骤二:形体刻画,进一步表现骑楼立面构件的形体结构,用线描的方式重点刻画拱券窗与窗台,以及立柱与柱头、水平分割线和女儿墙的形体特征,线条要流畅、简练（图 5-28）。

▲图 5-28 形体刻画

步骤三：明暗表现，根据光影的方向确定骑楼立面的明暗关系并上明暗调子,然后从画面的视觉中心拱券窗开始表现,注意对画面黑灰白关系的把握,线条应疏密有致(图 5-29)。

▲图 5-29 明暗表现

步骤四：调整完善，深入表现画面的明暗关系；加强对画面各部位黑白灰的处理。突出骑楼立面的立体感，使作品更加完整协调（图5-30）。

▲图5-30 调整完善

6 建筑速写案例

本章为笔者近年来的写生作品以及部分学生作品，主要包括北海骑楼建筑速写和传统民居建筑速写两部分。骑楼建筑速写作品，包括骑楼街道、骑楼群体组合、骑楼建筑单体、骑楼柱廊空间、骑楼立面构件、骑楼人文景观等；传统民居建筑速写主要以广西、重庆、湖南、江浙等地别具一格的古民居建筑风景为表现题材，描绘了民居建筑的自然美、文化美。

6 建筑速写案例

本章收集了笔者多年来在采风写生、实地调研、课程教学中的部分作品，主要包括北海骑楼建筑速写和广西、重庆、湖南等地传统民居建筑速写，以及学生写生习作。

6.1 骑楼建筑速写

笔者在从事北海老城骑楼研究期间，对骑楼建筑速写产生了浓厚的兴趣，在专业研究之余，坚持笔不离手，在实地调研过程中坚持骑楼建筑写生，日积月累，时至今日，完成了 150 多幅骑楼建筑速写习作。骑楼建筑速写可以加深对骑楼空间、形体、比例的感知，以及对骑楼建筑结构以及特征的理解。本章挑选部分有代表性的骑楼建筑速写作品，包括骑楼街道、骑楼群体组合、骑楼建筑单体、骑楼柱廊空间、骑楼立面构件、骑楼人文景观等，力图通过建筑速写形式展现北海老城区骑楼建筑的风貌特色，以供读者体会不同场景的速写画法（图 6-1~ 图 6-58）。

1. 骑楼街道

▲图 6-1
中山东路 1

▲图 6-2 中山东路 2

▲图 6-3 中山东路 3

▲图6-4 中山中路

▲图6-5 中山西路1

▲图 6-6 中山西路 2

▲图6-7 中山西路3

▲图 6-8 珠海东路

▲图 6-9 珠海西路 1

▲图 6-10 珠海西路 2

▲图 6-11 文明路 1

▲图 6-12 文明路 2

2. 骑楼群体建筑

▲图 6-13 珠海东路 43、45、47 号

▲图 6-14 珠海东路（52、54、56、58 号）1

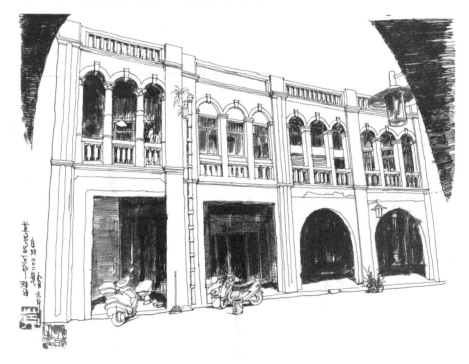

▲图 6-15 珠海东路（52、54、56、58 号）2

▲图 6-16 珠海东路 128、130、132 号

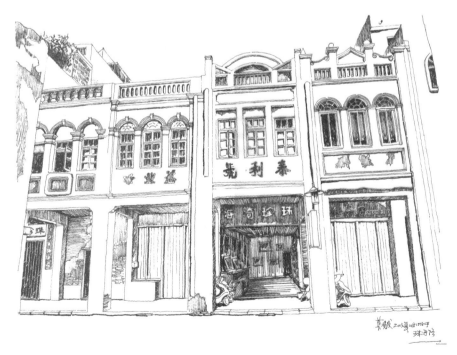

▲图 6-17 珠海东路 150、152、154、156 号

▲图 6-18 珠海东路 194、196、198 号

3. 骑楼单体建筑

▲图 6-19　中山东路 216、218 号

▲图 6-20 中山西路 196 号

▲图 6-21 中山中路 75 号

▲ 图 6-22 珠海东路 130 号

▲ 图 6-23 珠海东路 172 号

▲ 图 6-24 珠海东路 186 号

▲ 图 6-25 珠海中路 4 号

▲图 6-26 珠海中路 38 号

▲图 6-27 珠海西路 112 号

▲图 6-28 珠海西路 1 号

▲图 6-29 珠海西路 100、102 号

▲图 6-30 文明路 37、39 号

4.骑楼柱廊空间

▲图 6-31 珠海西路柱廊空间

▲图 6-32 珠海东路柱廊空间

▲图 6-33 中山东路柱廊空间

5. 骑楼立面构件

▲图 6-34 珠海东路
194、196、198 号
拱券窗 1

▲图 6-35 珠海东路 194、196、198 号拱券窗 2

▲图 6-36 珠海西路 78 号拱券窗

▲图 6-37 珠海西路 112 号铜钱窗户

▲图 6-38 珠海西路拱券框景 1

▲图 6-39 珠海西路拱券框景 2

▲图 6-40 珠海东路 152 号檐墙

▲图 6-41 珠海中路 58 号檐墙

▲图 6-42 珠海中路 39 号檐墙

▲图 6-43 珠海西路 73 号檐墙

6.骑楼人文景观

▲图 6-44 珠海西路街灯

莫贤发
画于二〇一三年
十一月十五日

▲图 6-45 珠海东路街灯

▲图 6-46 珠海东路
摇水井雕塑

7. 线描下的骑楼建筑艺术

▲图 6-47 中山东路

▲图 6-48 中山中路 1

▲图 6-49 中山中路 2

▲图 6-50 中山西路 1

▲图6-51 中山西路2

▲图6-52 珠海东路

▲图 6-53 珠海西路 1

▲图 6-54 珠海西路 2

▲图 6-55 珠海西路 3

▲图 6-56 文明路 1

▲图 6-57 文明路 2

▲图 6-58 文明路 3

6.2 传统民居建筑速写

本节介绍了笔者多年在各地写生的传统民居建筑速写作品，主要以广西、重庆、湖南、江浙等地别具一格的古民居建筑为表现题材，采用白纸黑线的速写绘画语言记录了民居建筑的形式与美景，表现了民居建筑的自然美、文化美。画面构图精巧，线条简练流畅，疏密有致；白墙黑瓦、房舍院落、青石小巷、树木花果在笔下与自然山水交相辉映。这些作品不仅描绘了当地独具韵味的民居景致和风土人情，表达了它们独特而恒远的韵味和美感，而且还蕴含了笔者的真情实感（图6-59~图6-73）。

▲图 6-59 桂林白沙水库 1

▲图 6-60 桂林白沙水库 2

▲图 6-61 桂林大圩古镇 1

▲图 6-62 桂林大圩古镇 2

▲图 6-63（上左）重庆民居 1
▲图 6-64（上右）重庆民居 2

▲图 6-65 传统街道

▲图 6-66 江南水乡 1

▲图 6-67 江南水乡 2

▲图 6-68 湘西民居 1

▲图 6-69 湘西民居 2

▲图 6-70 山地民居 1

▲图6-71 山地民居2

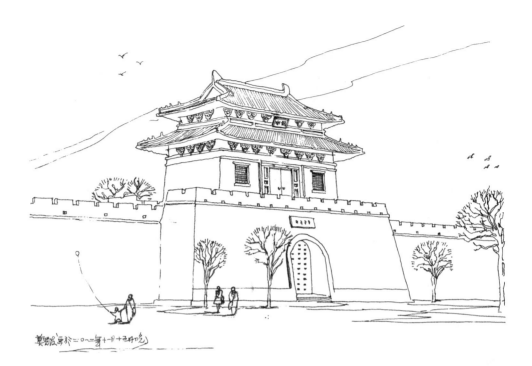

▲图 6-72 古城门

▲图 6-73 庙宇建筑

6.3 学生作品

　　户外写生是建筑学、环境设计等专业课程教学的重要实践环节，写生内容可以从校园一角到城市公园，或从自然风景到历史名胜古迹。学生可在写生中培养速写表现能力，为设计工作打基础。以下为学生外出考察、实地写生完成的部分作品（图6-74~图6-100）。

▲图6-74 广西民族大学礼堂1　　▲图6-75 广西民族大学礼堂2

▲图6-76 珠海西路1

▲图 6-77 珠海西路 2

▲图 6-78 中山东路 204 号（大清邮政北海分局）

▲图 6-79 画室一角 1

▲图 6-81 画室一角 3

▲图 6-82 画室一角 4

▲图 6-83 珠海东路 112 号

▲图 6-84 北部湾大学校门

▲图 6-85 大信金铺商号

▲图 6-86 农家小院 1　　　　　▲图 6-87 农家小院 2

▲图 6-88 北部湾大学 14 号教学楼

▲图 6-89 北部湾大学礼堂

▲图 6-90 刘永福旧居 1

▲图 6-91 刘永福旧居 2

▲图 6-92 钦州白石湖景色 1

▲图 6-93 钦州白石湖景色 2 　　　　▲图 6-94 钦州园博园景色 1

▲图 6-95 钦州园博园景色 2

▲图 6-96 珠海东路街景

▲图 6-97 拱券框景

▲图 6-98 冯子材旧居

▲图 6-99 防城凤池堂

▲图 6-100 合浦槐园

图片说明

图 1-3 线条练习，图片来源：格普蒂尔. 钢笔画技法 [M]. 李东，译. 北京：中国建筑工业出版社，1998.

图 1-7 临摹练习 1，图片来源：笔者临摹，源自格普蒂尔. 钢笔画技法 [M]. 李东，译. 北京：中国建筑工业出版社，1998.

图 1-8 临摹练习 2，图片来源：笔者临摹，源自格普蒂尔. 钢笔画技法 [M]. 李东，译. 北京：中国建筑工业出版社，1998.

图 1-17 安格利小礼拜堂（著名建筑师马里奥·博塔手稿），图片来源：马里奥·博塔,Mario Botta 作品集。

图 1-18 不同类型的笔，图片来源：实拍与百度网络

图 1-19 不同类型的纸张，图片来源：百度网络

图 2-1 线条练习 1，图片来源：笔者临摹，源自格普蒂尔. 钢笔画技法 [M]. 李东，译. 北京：中国建筑工业出版社，1998.

图 2-2 线条练习 2，图片来源：笔者临摹，源自格普蒂尔. 钢笔画技法 [M]. 李东，译. 北京：中国建筑工业出版社，1998.

图 2-3 色块练习 1，图片来源：笔者临摹，源自格普蒂尔. 钢笔画技法 [M]. 李东，译. 北京：中国建筑工业出版社，1998.

图 2-4 色块练习 2，图片来源：格普蒂尔. 钢笔画技法 [M]. 李东，译. 北京：中国建筑工业出版社，1998.

图 2-5 明暗练习，图片来源：格普蒂尔. 钢笔画技法 [M]. 李东，译. 北京：中国建筑工业出版社，1998.

图 2-6 方盒子练习，图片来源：笔者临摹，源自格普蒂尔. 钢笔画技法 [M]. 李东，译. 北京：中国建筑工业出版社，1998.

图 2-9 透视术语，图片来源：百度网络

图 2-10 透视图的形成，图片来源：百度网络

图 2-22 均衡画面，图片来源：笔者临摹，源自钟训正. 建筑画环境表现与技法 [M]. 北京：中国建筑工业出版社，1985.

图 2-23 左轻右重画面，图片来源：笔者临摹，源自钟训正. 建筑画环境表现与技法 [M]. 北京：中国建筑工业出版社，1985.

图 2-24 左侧添加元素，图片来源：笔者临摹，源自钟训正. 建筑画环境表现与技法 [M]. 北京：中国建筑工业出版社，1985.

图 2-33 风景建筑速写，图片来源：笔者临摹，源自钟训正. 建筑画环境表现与技法 [M]. 北京：中国建筑工业出版社，1985.

图 2-35 砖墙表现 1，图片来源：笔者临摹，源自钟训正. 建筑画环境表现与技法 [M]. 北京：中国建筑工业出版社，1985.

图 2-36 砖墙表现 2，图片来源：笔者临摹，源自钟训正. 建筑画环境表现与技法 [M]. 北京：中国建筑工业出版社，1985.

图 2-37 石材纹理表现，图片来源：笔者临摹，源自钟训正. 建筑画环境表现与技法 [M]. 北京：中国建筑工业出版社，1985.

图 2-38 木质纹理表现，图片来源：钟训正. 建筑画环境表现与技法 [M]. 北京：中国建筑工业出版社，1985.

图 3-11 建筑物的明暗基调，图片来源：格普蒂尔. 钢笔画技法 [M]. 李东，译. 北京：中国建筑工业出版社，1998.

图 3-14 屋顶表现，图片来源：笔者临摹，源自格普蒂尔. 钢笔画技法 [M]. 李东，译. 北京：中国建筑工业出版社，1998.

图 3-15 窗户表现，图片来源：笔者临摹，源自格普蒂尔. 钢笔画技法 [M]. 李东，译. 北京：中国建筑工业出版社，1998.

图 3-18 墙面投影表现，图片来源：格普蒂尔. 钢笔画技法 [M]. 李东，译. 北京：中国建筑工业出版社，1998.

图 3-19 砖墙表现 1，图片来源：笔者临摹，源自格普蒂尔. 钢笔画技法 [M]. 李东，译. 北京：中国建筑工业出版社，1998.

图 3-30 建筑前后关系的表现 1，图片来源：笔者临摹，源自钟训正. 建筑画环境表现与技法 [M]. 北京：中国建筑工业出版社，1985.

图 3-31 建筑前后关系的表现 2，图片来源：笔者临摹，源自钟训正. 建筑画环境表现与技法 [M]. 北京：中国建筑工业出版社，1985.

图 4-1 树木的基本形体，图片来源：笔者临摹，源自钟训正. 建筑画环境表现与技法 [M]. 北京：中国建筑工业出版社，1985.

图 4-2 树干形态，图片来源：笔者临摹，钟训正. 建筑画环境表现与技法 [M]. 北京：中国建筑工业出版社，1985.

图 4-4 树叶形状，图片来源：笔者临摹，源自钟训正. 建筑画环境表现与技法 [M]. 北京：中国建筑工业出版社，1985.

图 4-5 树木的明暗关系 1，图片来源：笔者临摹，源自钟训正. 建筑画环境表现与技法 [M]. 北京：中国建筑工业出版社，1985.

图 4-7 树木表现，图片来源：笔者临摹，源自钟训正. 建筑画环境表现与技法 [M]. 北京：中国建筑工业出版社，1985.

图 4-8 树木在建筑场景中的空间层次，图片来源：笔者临摹,源自钟训正. 建筑画环境表现与技法 [M]. 北京：中国建筑工业出版社，1985.

图 4-9 近景树木的表现，图片来源：笔者临摹，源自钟训正. 建筑画环境表现与技法 [M]. 北京：中国建筑工业出版社，1985.

图 4-10 灌木花草表现 1，图片来源：笔者临摹，源自钟训正．建筑画环境表现与技法 [M]．北京：中国建筑工业出版社，1985.

图 4-15 维特鲁威人，图片来源：https://baike.baidu.com/item/ 维特鲁威人 /1577569?fr=aladdin

图 4-16 人体的基本尺度，图片来源：百度网络

图 4-18 人物速写步骤图，图片来源：百度网络

图 4-19 近景人物表现，图片来源：笔者临摹，源自耿庆雷．建筑钢笔速写技法 [M]．2 版．上海：东华大学出版社，2012.

图 4-20 中景人物表现，图片来源：笔者临摹，源自钟训正．建筑画环境表现与技法 [M]．北京：中国建筑工业出版社，1985.

图 4-21 远景人物表现，图片来源：笔者临摹，源自奥列佛．奥列佛风景建筑速写 [M]．杨径青，杨志达，译．南宁：广西美术出版社，2003.

图 4-22 人物在建筑场景中的表现 1，图片来源：耿庆雷．建筑钢笔速写技法 [M]．2 版．上海：东华大学出版社，2012.

图 4-24 车辆表现 1，图片来源：笔者临摹，源自耿庆雷．建筑钢笔速写技法 [M]．2 版．上海：东华大学出版社，2012.

图 4-25 车辆表现 2，图片来源：笔者临摹，源自耿庆雷．建筑钢笔速写技法 [M]．2 版．上海：东华大学出版社，2012.

图 4-28 车辆在建筑场景中的表现 2，图片来源：笔者临摹，源自百度网络

图 4-29 山脉在建筑速写中的表现 1，图片来源：钟训正．建筑画环境表现与技法 [M]．北京：中国建筑工业出版社，1985.

图 4-30 山脉在建筑速写中的表现 2，图片来源：牟蔚蔚．建筑与空间环境速写 [M]．天津：天津大学出版社，2014.

图 4-33 动态水的表现 1，图片来源：耿庆雷．建筑钢笔速写技法 [M]．2 版．上海：东华大学出版社，2012.

图 4-34 动态水的表现 2，图片来源：耿庆雷．建筑钢笔速写技法 [M]．2 版．上海：东华大学出版社，2012.

图 4-35 静态水的表现 1，图片来源：笔者临摹，源自百度网络

图 4-36 静态水的表现 2，图片来源：笔者临摹，源自耿庆雷．建筑钢笔速写技法 [M]．2 版．上海：东华大学出版社，2012.

图 4-37 天空表现 1，图片来源：格普蒂尔．钢笔画技法 [M]．李东，译．北京：中国建筑工业出版社，1998.

图 4-38 天空表现 2，图片来源：格普蒂尔．钢笔画技法 [M]．李东，译．北京：中国建筑工业出版社，1998.

表 4-1 树干的明暗处理方式，表格图片来源：钟训正．建筑画环境表现与技法 [M]．北京：中国建筑工业出版社，1985.

表 4-2 树枝类型，表格图片来源：钟训正．建筑画环境表现与技法 [M]．北京：中国建筑工业出版社，1985.

参考文献

[1] 钟训正．建筑画环境表现与技法 [M]．北京：中国建筑工业出版社，1985.

[2] 格普蒂尔．钢笔画技法 [M]．李东，译．北京：中国建筑工业出版社，1998.

[3] 杨维．建筑速写 [M]．3 版．哈尔滨：哈尔滨工业大学出版社，2005.

[4] 牟蔚蔚．建筑与空间环境速写 [M]．天津：天津大学出版社，2014.

[5] 张爱萍，万彦华，史绍融．建筑速写 [M]．武汉：武汉大学出版社，2015.

[6] 刘郁兴．建筑风景速写 [M]．长沙：中南大学出版社，2017.

[7] 耿庆雷．建筑钢笔速写技法 [M]．2 版．上海：东华大学出版社，2012.

[8] 奥列佛．奥列佛风景建筑速写 [M]．杨径青，杨志达，译．南宁：广西美术出版社，2003.

后 记

　　自大学开始，我就对速写产生了浓厚的兴趣，时至今日，这种兴趣有增无减，且越发浓厚。每每在休闲之余，总会拿起速写本，捕捉生活美好的瞬间，用速写抒发自己内心的情感，记录人生的轨迹。

　　作为一位从事艺术设计教育的高校教师，谈不上艺术家，也算不上设计家，只是在艺术设计路途上的跋涉者。我以速写的方式涉足传统建筑、近代建筑的研究，心往神驰。

　　与此同时，建筑速写对我从事的建筑专业研究的帮助是极大的，方便表达建筑方案思路；而且在建筑实地测绘时，以速写形式快速又准确地绘出建筑的平面图、立面图、构造图、透视图，提高工作效率，这得益于自己多年对建筑速写的训练和表现技法的积累。建筑速写使我体验并享受着传统民居建筑、骑楼建筑研究的收获与喜悦。

　　《建筑速写表现技法》从作品的写生与整理、内容的安排与布局到文字的写作与推敲，都倾注了大量的心血。为了本书能早日与读者见面，我放弃了寒暑假、节假日、周末陪伴家人的美好时光，全身心地投入到写作中去，一步一个脚印地前行，前后历经五年的努力才得以完成。希望本书能够帮助建筑速写初学者，学习速写技巧并应用到实际项目或研究中。在此，谨以此书献给我的家人和给予我帮助的朋友，感谢他们的支持与付出。

莫贤发

2019 年 6 月

作者简介

 莫贤发，工学硕士，副教授

　　毕业于深圳大学建筑与城市规划学院，现为北部湾大学陶瓷与设计学院副教授，广西高校人文社会科学重点研究基地北部湾海洋文化研究中心研究员，钦州发展研究院研究员，广西桂学研究会会员，主要从事历史建筑与传统村落保护研究。主持省级科研项目2项，厅级科研项目1项，校级项目5项，省部级项目1项，厅级项目1项；发表学术论文20余篇；著《北海老城区骑楼建筑形态研究》1部，参与编著《室内设计》《建筑装饰装修工程》《设计素描》教材3部。